자존감
독서법

아이 스스로 미래를 만들어가는

자존감 독서법

초 판 1쇄   2018년 10월 11일

지은이 배상임
펴낸이 류종렬

펴낸곳 미다스북스
총 괄 명상완
에디터 이다경

등록 2001년 3월 21일 제2001-000040호
주소 서울시 마포구 양화로 133 서교타워 711호
전화 02) 322-7802~3
팩스 02) 6007-1845
블로그 http://blog.naver.com/midasbooks
전자주소 midasbooks@hanmail.net
페이스북 https://www.facebook.com/midasbooks425

© 배상임, 미다스북스 2018, *Printed in Korea*.

ISBN 978-89-6637-607-0 13590

값 **15,000원**

아이 스스로 미래를 만들어가는

자존감 독서법

배상임 지음

미다스북스

내 아이 자존감, 독서로 세우자!

내가 30여 년간 중고등학교 국어교사로 지내면서 학생과 학부모로부터 가장 많이 들었던 질문에 대한 대답으로 이 글을 쓰게 되었다.

사람들은 왜 독서를 하는가?

전문 지식을 가진 전문가가 되기 위해서, 뇌의 자극을 받기 위해서, 상상력을 키우기 위해서, 새로운 아이디어를 얻기 위해서, 리더십을 기르기 위해서, 창의융합적 사고를 키우기 위해서, 자존감을 높이고 싶어서, 더 나은 삶을 위해서…….

독서의 이유를 대강 나열만 해봐도 독서를 하는 이유는 끝이 없다. 이것은 모두 맞는 말이기도 하다. 분명한 사실은 우리는 이 모든 것을 책을 통해 얻을 수 있다고 믿기 때문에 독서를 한다는 것이다. 그러면 '왜 독서를 하는가?'에 대한 나의 대답을 소개하겠다.

첫째, 독서는 소중한 만남이다

독서는 글쓴이와 읽는 이를 이어주는 사다리다. 독서는 글을 매개로 관계 속의 나를 만나는 장이다. 초등학교에 입학해서 만난 선생님은 우리들에게 아침마다 책을 읽어주셨다. 나는 선생님이 좋았다. 그때 나는 이미 누군가에게 책 읽어주는 선생님이 된 미래의 내 모습을 떠올렸다.

꽃을 좋아하셨던 어머니는 마당에서 눈부신 아침 햇살 아래 핀 모란을 꺾어 손수 꽃다발을 만드셨다. 어린 나는 내 키보다 더 큰 꽃다발을 안고 학교에 가곤 했다. 선생님의 얼굴은 희미한데 교실에서 책을 읽어주시던 그 목소리는 지금도 생생하게 들린다. 나의 독서는 어릴 때 선생님과의 만남으로 시작됐다. 독서는 소중한 만남이다.

둘째, 독서는 배움의 즐거움이다

내가 교단생활을 하는 동안 강산이 3번이나 바뀌었다. 우리나라의 격동기에 중고등학교 교사로 지내면서 다양한 경험도 많이 했고, 만난 아이들도 많다. 그중 또렷이 기억나는 수용, 미애, 지선, 시현, 민주, 어진, 명선, 우빈, 정민, 태욱. 내가 만난 사람은 대부분 학생과 학부모들이었다. 우리나라는 시련과 역경을 경제개발정책과 교육의 힘으로 극복했다고 해도 과언이 아니다. 이른바 '한강의 기적'을 이뤘다. 88서울올림픽, 2002한일월드컵, 2018평창동계올림픽을 당당하게 개최할 만큼 경제력을 키워냈다.

새벽잠을 깨우고 전국적으로 국민을 기상시킨 '국민행진곡'에 발맞춰 하루를 시작했던 어려운 시절이 있었다. 어른은 일터로 아이들은 학교로 갔다. 그때 학교 건물은 크고 화려하지도 않았지만 아이들은 열심히 공부했다. 아이들에게 선생님은 살아 있는 위인이었다. 선생님의 그림자도 밟지 말라는 말이 있을 정도로 아이들은 선생님을 존경하고 선생님의 말씀을 잘 따랐다. 그 무렵 나는 아침 일찍 등교해서 학급문고의 책을 읽는 것이 행복했다. 그다지 많지 않은 책을 다 읽고 반복해서 읽었다.

나는 책을 읽은 후 아이들에게 이야기하기를 잘 했다. 학급문고에 있는 선생님들이 나눠주신 과목별 참고서를 미리 읽어보는 것은 학습에도 큰 도움이 됐다. 나의 독서에 대한 관심과 열정을 선생님으로부터 인정받아 내가 학급문고를 관리했다. 그 무렵, 이른 등교와 고요한 아침의 독서는 자연스럽게 나의 일상이 됐다. 나의 독서는 배움의 즐거움이다.

셋째, 독서는 위대한 성장으로 이끄는 부모다

독서가 내 곁에 없었다면 오늘의 나는 없다. 나는 엄마와 함께한 시간이 길지 않았다. 초등학교 2학년 때 엄마가 돌아가셨기 때문이다. 만나면 헤어짐이 있다는 '회자정리會者定離'의 인생사를 이해할 수 없었던 나는 고작 9살이었다. 죽음이 뭔지도 잘 몰랐다. 먼 곳으로 여행을 갔다가 돌아오는 줄 알고 엄마를 기다렸다. 엄마의 빈자리는 시간이 갈수록 더 커졌다.

너무 빨리 잃어버린 엄마의 빈자리를 통해 일찍이 '풍수지탄風樹之歎'의 진리를 깨달았다. 자식이 부모를 봉양하려고 해도 부모는 기다려주지 않는다는 유한한 삶의 역설을 이해하게 된 것도 독서의 힘이다. 다양한 책 속의 주인공들에게 시련과 역경을 헤쳐나가는 용기와 지혜를 배웠다. 감수성이 예민한 사춘기 때에 내가 가까이한 것은 독서였다. 방황하는 사춘기 때 비틀거리며 놀다가도 '이렇게 살다가 죽을 수는 없다.'라는 생각이 나를 바로 일으켜 세웠다. 그때 독서는 '엄마 없는 아이'라서 기죽은 아이를 바른 길로 이끌어주고 자존감을 키워준 위대한 부모였다. 나의 독서는 위대한 성장으로 이끄는 부모였다.

넷째, 독서는 자기혁명으로 미래를 여는 문이다

독서는 사유하는 과정이다. 독서하며 생각하는 사람과 그렇지 않은 사람으로 나누어서 본다면 독서의 힘은 위대하다. 모름지기 독서는 새가 스스로 알을 깨고 세상으로 나오게 하는 '아프락사스'의 힘이다. 인간은 생각하므로 존재한다. 책을 읽으면 사람과 세상에 대한 외경심이 일어난다. 능동적이고 진취적인 에너자이저가 된다. 세상에서 바뀌어야 할 것은 오로지 자기 자신뿐인 것을 깨닫는 순간, 자기혁명으로 미래의 문을 열 수 있다. 나의 독서는 자기혁명으로 미래를 여는 문이다.

다섯째, 독서는 시대를 앞서가는 리더다

인생은 롤러코스터다. 누구나 살다 보면 시련과 역경을 만나는 것이 인생살이다. 처음부터 완벽한 사람은 없다. 사람은 책을 읽으며 성장한다. 시련과 역경을 극복하며 한 번 더 성장한다. 능력 있는 아이가 꿈을 성취하는 것이 아니라 꿈을 이루고자 하는 아이에게 능력이 생긴다는 것이 더 바람직한 말이다. 꾸준한 독서로 자존감이 높은 아이는 두려움이 없다. 따라서 독서는 시대를 앞서가는 리더다.

책 읽는 사람Reader은 시대를 앞서가는 리더Leader로 성장한다.

바야흐로 4차 산업혁명의 시대다. 날마다 조금씩 아이는 미래로 걸어가고 있다. 지금은 패러다임 변화의 시대다. 펀, 펀, 펀Fun이 지배하는 세상이다. 뭐든 재미가 있어야 뜨는 세상이다. 세상을 지배할 만한 재미있는 기지와 아이디어 방출을 원한다면 독서가 최고다. 왜냐면 패러다임

변화의 시대가 요구하는 창의융합적 인재를 발굴하는 강력한 기폭제가
바로 독서이기 때문이다.

아이를 '액션가면'을 외치며 책 읽기를 좋아하는 독서 대장이 되게 하
라. 그럴 때 내 아이는 '꿈, 끼, 깡'을 장착하고 고성능을 겸비한 CPU형
인재로 자랄 가능성이 크다.

독서가 답이다. 내 아이 자존감, 독서로 세우자!

2018년 책의 해를 맞이하여 책마루에서 배상임

아이의 자존감 지수 체크리스트

부모님이 답하실 때에는 문항의 '나'를 '우리 아이'로, '부모님'을 '나'로 바꾸어서 체크해주세요.

체크사항	매우 그렇다	조금 그렇다	보통 이다	조금 아니다	전혀 아니다
1.부모님은 나를 잘 이해해 주신다.					
2.나는 긍정적인 생각을 많이 하는 편이다.					
3.나는 나의 장점과 단점을 잘 안다.					
4.나는 내 생각을 자신 있게 말할 수 있다.					
5.나는 다른 사람에게 호감을 주는 편이다.					
6.나는 다른 사람만큼 가치 있는 사람이다.					
7.나는 쉽게 포기하지 않는 편이다.					
8.나를 좋아해 주는 사람들이 많다.					
9.나는 현재 내가 하는 일에 만족한다.					
10.나는 새로운 것을 시도하기를 좋아한다.					
11.나는 새로운 일을 할 때 걱정이 많다.					
12.나는 지나치게 완벽주의자이다.					
13.나는 다른 사람들을 자주 비판한다.					
14.나에게 인간관계는 별로 중요하지 않다.					
15.나는 인정받으려는 욕구가 강한 편이다.					
16.나는 어려운 상황 수용을 잘 못한다.					
17.나는 감정을 억압하는 편이다.					
18.나는 실패했을 때 매우 화를 낸다.					
19.나는 다른 사람보다 열등하다고 생각한다.					
20.나는 안전하고 익숙한 것을 선택한다.					

내 아이 자존감 등급 : (   )

[점수 계산 방법]

1~10번 : 매우 그렇다 5점, 조금 그렇다 4점, 보통이다 3점, 조금 아니다 2점, 전혀 아니다 1점

11~20번 : 매우 그렇다 1점, 조금 그렇다 2점, 보통이다 3점, 조금 아니다 4점, 전혀 아니다 5점

[자존감 지수 등급]

높음 : 80점 이상 〉 자존감이 높은 수준이다. 자존감이 높은 아이는 두려움이 없다. 『자존감 독서법』에서 추천하는 〈우정 이야기를 나누기 좋은 책 7〉을 읽으면 깊고 넓은 생각 함양에 좋다.

보통 : 60~79점 〉 자존감이 보통인 수준이다. 자신을 존중하며 자존감을 스스로 유지하는 자세가 필요하다. 『자존감 독서법』에서 추천하는 〈10대의 마음이 행복해지는 이야기 10〉를 읽으면 자신과의 대화를 통해 스스로 자신을 존중하며 높은 자존감을 유지하기에 좋다.

낮음 : 59점 이하 〉 자존감이 낮은 수준이다. 아이의 자존감이 위험하다. 부모는 아이의 자존감을 계발하기 위한 노력이 필요하다. 『자존감 독서법』의 부록에서 추천하는 〈자아 발견에 좋은 책 10〉을 읽으면 다른 사람을 의식하지 않고 도전하는 아이의 능력을 키울 수 있다. 아이의 표정이 밝아지고 자신감이 커진다.

차례

1장

아이 인생을 바꾸는
자존감의 힘

Self-esteem Reading

01
아이의 자존감, 왜 중요한가?

진정으로 아이를 아낀다면 아이에게
덕성virtue, 지혜wisdom, 교양breeding, 학식learning의
네 가지를 물려줘라.
– 존 로크(영국의 철학자)

부잣집에 키도 큰 수용이는 왜 도벽증이 생겼을까?

"성적은 좋지 않아도 착한 아이로 컸으면 좋겠습니다!"

내가 대한민국의 교사로 살면서 부모로부터 가장 많이 들었던 말이다.

대부분의 부모는 자신의 자녀가 착한 아이로 성장하길 바란다. 그러나
모든 학부모는 자신의 자녀가 공부 잘하는 아이가 되기를 진심으로 기대
한다. 학부모는 먼저 공부 잘하고 성적이 좋은 아이이기를 바라고 그것
이 충족되면 착한 아이로도 성장하길 희망하는 것이다. 이렇듯 자녀에
대한 부모의 이중적 바람은 아이를 매우 부담스럽게 한다.

기성세대인 우리는 이미 경험으로 알고 있다. 공부란 열심히 한다고 해서 성적이 반드시 좋게 나오리란 보장은 없다는 사실을! 첫 번째 토끼 사냥의 대상인 성적은 학부모와 학생이 노력하더라도 결과를 장담할 수 없다. 그런데 두 번째 토끼를 잡는 방법은 있다. 아이가 착하게 자라기를 진심으로 바라는 부모라면 지금부터 아이의 '자존감'을 키우는 일에 힘 써야 한다. 다음 이야기를 읽고 아이의 자존감이 왜 중요한가, 그 이유를 생각해볼 필요가 있다.

"선생님, 수용이가 내 돈을 또 빼앗아갔어요!"
"앗, 제 지갑의 돈도 없어졌어요!"
"내 필통 안에 있던 샤프가 안 보여! 새 건데."

학급 종례 시간마다 분실된 돈과 물건을 신고하는 아이들 수가 점점 늘어났다. 벌써 한두 번 일어난 일이 아니다. 수용이는 '무용회_{무서운 수용} 이가 회장인 유도부'의 짱이다. 거대한 몸의 헤비급 유도 선수인 수용이는 외 모만으로도 위압적인 아이다. 그는 오전 수업만 참여하고 오후에는 도장 으로 훈련을 가는 유도부 특기생이다.

그 어떤 풍족한 환경도 내면의 불안을 해결할 수 없다
수용이가 사라진 오후의 교실에서는 오늘 같은 일이 종종 일어난다.

한마디로 수용이의 '도벽증'이 골칫거리인 셈이다. 게다가 도벽증은 거의 매일 발작한다. 그러나 섣불리 상상하지 말라. 수용이는 불우한 가정 출신이 아니다. 오히려 학교에서 가장 부유한 집 아이다. 그의 아버지는 영업용 택시회사의 사장이라 동네에서 하나뿐인 멋진 2층 양옥집에 사는데 그 외아들이 바로 수용이다. 수용이의 집에서는 돈으로 해결할 수 있는 일은 모든 게 풍족했다. 먹는 것과 입는 것은 당연히 풍요로웠다. 그는 또래보다 훨씬 체격이 큰 바람에 유도부 선수로 뽑혔다.

부잣집 외아들로 아쉬울 것이 없는 환경에서 자란 수용이의 비행은 도대체 무엇 때문일까? 왜 자신에게 필요하지도 않는 친구들의 물품을 몰래 가져가고 아이들의 푼돈을 갈취하는 걸까? 상담 지도를 받고 근신 기간이 끝났지만 수용이의 비정상적인 행동은 달라지지 않았다. 학교의 학생 선도 규정에 따른 처벌로는 해결이 어렵고 오히려 수용이는 내면적 치유 지도가 더 필요해 보였다. 나는 단순한 나쁜 습관으로만 볼 수는 없는 수용이의 행동을 관찰했다.

꾸준한 관찰과 상담 끝에 나는 수용이가 집에서 부모의 지도를 제대로 받지 못하고 있다는 사실을 알게 되었다. 수용이는 그 당시에는 흔하지 않은 문화 수준을 갖춘 윤택한 가정환경에서 살고 있었다. 조금 놀라운 것은 수용이의 방을 꾸미고 있는 책장이었다. 책장은 전집으로 가득 차 있었다. 하지만 그 많은 책들은 장식품일 뿐 수용이는 오로지 매일 먹고 자는 일만 잘하면 만사 오케이였다. 집에서도 학교 유도부 특기생이라는 특혜를 톡톡히 누리며 지냈던 것이다.

그러나 물질적 풍요가 넘치는 수용이의 성장 환경은 수용이의 내면을 속 빈 강정처럼 만들어놓았다. 친구에게 잦은 폭력과 비행을 행사하며 욕구불만을 해소하는 결과를 가져온 것이다. 자기중심적이고 공격적인 성격으로 원만하지 못한 교우 관계에서 오는 욕구불만을 지닌 수용이는 자신의 존재감을 드러내기 위해 '일그러진 영웅'처럼 습관적인 '도벽'과 '폭력'을 분출시켰던 것이다.

도벽과 폭력을 일삼는 문제아? 자존감이 낮은 외로운 아이!

'사람은 빵만으로 살 수 없다.'라는 말처럼 누군가로부터 관심과 사랑을 받아본 사람이라야 남에게도 관심과 사랑을 줄 수 있다. 잘나가는 사업가의 외아들이었지만 수용이는 한 번도 자기 말을 경청해주지 않는 부모 밑에서 매우 낮은 자존감으로 살았다. 부유한 환경에서 잘 먹고 커서 힘 세고 운동 잘하는 아이였지만, 그 밖에는 아무것도 없는 공허한 정신적 결핍으로 '자존감'이 매우 낮은 외로운 아이였을 뿐이었다.

수용이는 어른들이 하는 말을 옳고 그름으로 판단하지 않고, 오직 거부하고 싶은 명령이라고 생각했다. 그런 심리적 상태에서는 당연히 이유

없는 반항심으로 또래 아이들을 괴롭힌 것이다. 육신의 풍요로움에 비해 정신적인 공허함을 견디지 못했기 때문이다.

내면의 욕구불만이 쌓이다 보니 비행청소년으로 가는 건 자연스런 과정이었다. 수용이의 내면에 사랑과 관심이라는 나무를 심은 적이 한 번도 없는데 무슨 열매를 기대한단 말인가? 씨앗을 심지도 않은 상태에서 결과를 기대하는 것은 어불성설이다. 처음부터 문제아는 없다. 단지, 문제적 환경을 제공한 문제적 어른이 있을 뿐이다.

급변하는 현대사회에서 요구하는 것이 아무리 많을지라도 무엇보다 중요한 일은 아이의 자존감을 키우는 것이다. 물론 이 문제가 수용이에게만 해당되는 것은 아니다. 어떤 아이라도 마찬가지다. 물질적으로 풍요로운 환경 속에서 강한 체력을 지녔다고 해도 내적으로 충만함이 채워지지 않은 채 낮은 자존감을 지니고 있다면, 살면서 부딪치는 작은 어려움조차 제대로 헤쳐나갈 수 없다. 그럴 때 자존감이 낮은 아이는 속 빈 강정처럼 부서진다. 수용이처럼 쉽게 무너지는 심약한 아이가 된다. 불안감으로 방황하다가 욕구불만이 불거지면 자기도 모르게 비행을 저지르게 된다. 그것이 자신에게 아무런 도움이 안 되는 일임을 알아도 말이다.

독서를 통한 자아 발견이 도벽증을 고치다!

체력은 막강하지만, 공부는 전교 꼴찌에 불안정한 교우관계라는 현실은 수용이의 자존감을 땅바닥까지 낮춰놓았다. 나는 그 아이의 내면을 깊이 들여다보았다. 지금까지 수용이는 낮은 자존감과 불안감을 해소하려고 자신의 강점인 '센 힘'으로 아이들을 억압하면서 자기의 자존감을 세워보려고 초라한 자신과 '힘 겨루기'를 해온 것이었다. 학교폭력 학생으로 자주 연루되어 유도부에서도 유예를 당했다. 나는 수용이를 도와야 한다는 생각뿐이었다. '건강한 신체에 건전한 정신이 깃든다.'라는 말처럼 건강한 신체를 가진 수용이에게 높은 자존감을 심어주고 싶었다.

그래서 나는 1학년이 끝날 때까지 수용이와 매일 도서실에서 만나서 시간을 보냈다. 처음에 수용이는 목석 같았다. 조금씩 수용이의 마음이 열리면서 라포rapport: 상담, 치료 등에서의 상호 신뢰관계가 형성될 무렵 집에서 가져온 책으로 독서 지도를 했다. 예상한 대로 수용이는 책은 단 10분도 읽지 않고 잠으로만 시간을 보냈다. 하지만 나는 책을 읽는 분량은 문제삼지 않았다. 집에서 책 1권을 가지고 와서 방과 후에 도서실로 출석만 하면 빵과 음료수를 선물했다. 도서실로 출석하는 날이 많아지면서 수용이는 조금씩 책을 읽기 시작했다. 먹성 좋은 수용이의 관심사는 그래도 책 읽기보다 빵과 음료수 먹기였을지도 모르겠다. 그러나 책 읽기의 효과는 놀라웠다. 책을 읽으며 자신의 내면과 마주하는 시간이 쌓여가면서 잃어버린 자아를 발견한 수용이는 자기 생각을 메모하곤 했다.

　책 읽는 시간이 늘어나더니 수용이는 그동안 아이들에게 자신이 한 행동을 매우 부끄러워하는 듯했다. 오랫동안 정서적으로 방치되어 있었지만 책을 읽으면서 자신을 아끼고 사랑하는 마음, 즉 '자존감'을 발견하는 놀라운 변화가 일어난 것이다. 수용이는 부끄러운 행동을 끊겠다는 약속을 종이에 적고 난 후부터 놀랍게도 더 이상 '도벽'이나 '폭력'을 가까이하지 않았다. 그동안 피해를 준 친구들에게도 진심으로 미안해하는 태도를 보였다. 학기가 끝날 무렵에 수용이는 많은 아이들과 친구관계를 맺고 성격이 밝은 아이로 변했다. 힘든 일에도 기꺼이 나서서 협력하는 해결사 역할도 했다. 나는 위대한 기적을 본 기분이었다. 수용이가 확 달라진 것은 짧은 시간이지만 책과 함께 지낸 독서의 힘 때문이었다. 그것은 독서를 통한 자아 발견과 자존감의 성장이 준 위대한 선물이었다.

아이의 자존감은 대체 왜 그토록 중요한가?

　선생님과 부모는 학생과 자식에게 사람과 세상의 모든 존재를 사랑으로 대하는 법을 가르쳐주어야 한다. 자신의 욕망대로만 불쑥 행동해서는 안 된다는 것과 이 세상을 더불어 살아가는 공존의 원리도 가르쳐주어야 한다. 또한 힘이 약한 친구를 괴롭히지 말고 서로 배려하며 살아가야 하는 이유를 가르쳐주어야 한다.

자기 삶을 둘러싼 주변 사람들과 원만한 인간관계를 형성함으로써 자신의 소중한 가치와 자존감을 얻는 아이는 행복하다. 인간관계의 중요성을 체험할 수 있도록 키워야 한다. 이것이 현대 아이들에게 책을 통해 동서고금을 살다 간 인물들의 위대한 삶을 읽도록 해야 하는 이유다.

아이들은 책 읽기를 통해 좋은 가르침을 받으면 스스로 '자존감'을 높일 수 있다. '어떻게 살아야 하는가.'에 대한 생각의 끈을 놓지 않는다. 삶에서 부딪히는 크고 작은 어려움도 헤쳐 나갈 지혜와 용기를 얻는다. 따라서 책 읽기라는 '위대한 스승'을 만나도록 도와줘야 한다. 책 읽기를 통해 얻은 아이의 높은 '자존감'은 아이가 평생 함께해야 할 위대한 벗이며 스승이기 때문이다.

자존감 클리닉 01

Q : 특기생인 아이가 학교에서 친구와 어울리지 못하고 친구 물건에 손을
대기도 한다. 아이에게 무슨 문제가 있는 걸까? 이럴 때 자존감 독서로 문제
해결이 가능할까?

A : 학교에서 수업과 운동을 병행하는 특기생 아이에겐 세심한 관심과
위로가 필요하다. 아이의 잘못을 절대 다그치지 마라.
"수영아, 오늘도 많이 힘들었지? 어려운 일을 잘 견뎌내는 네가 대견하
다."
"네가 친구들에게 할 수 있는 일은 뭐가 있지? 네가 독서한 이야기를 친
구들과 나눴으면 좋겠어."

독서에서 얻은 교훈을 생활과 연결시키도록 도와주는 편이 더 낫다.
"운동으로 건강한 네가 친구들을 괴롭히는 것보다 힘든 친구를 도와주면
더 멋지지 않을까?"
누군가를 도울 줄 아는 아이는 협동심을 지닌 자존감 높은 아이로 성장
한다.

02
타고난 재능과 개성을 발휘한다

생각을 먼저 지배하는 것은 우리들이지만,
그 다음에는 생각이 우리를 지배한다.
— 브라이언 트레이시(미국의 연설가)

아이가 타고난 개성을 발휘하도록 하라

부모는 아이가 무엇이든지 잘하기를 바란다. 공부면 공부, 운동이면 운동, 글이나 그림 솜씨까지도 뛰어나길 은근히 바란다. 그러나 생각해 보라. 세상에 그런 아이가 도대체 몇 명이나 될까?

닭은 닭으로 크고, 백조는 백조로 크면 된다. 아이를 닭도 아니고, 백조도 아닌 정체불명의 존재로 자라나게 해서는 안 된다. 아이의 타고난 개성을 발휘하도록 도와주어야 한다. 아이가 하고 싶은 일, 하면 할수록 재미있고 행복한 일을 평생 하면서 살도록 하면 어떨까?

'남아수독오거서.'라는 옛 시인의 말이 있다. 남자로 태어나 세상을 살아가면서 다섯 수레 분량의 책을 읽어야 한다는 뜻이다. 물론 지금은 남녀 아이를 구분 짓지 말아야 한다. 남녀노소 누구라도 책 읽기를 통해서 훌륭한 인재가 되도록 노력하라는 의미가 깃든 말이다. 어릴 때의 독서가 삶의 중요한 기반이라는 뜻이다.

아침에 일찍 일어나 책을 읽는 아이의 모습을 상상해보라. 매일 새벽 정기를 받으며 단정하게 책상에 앉아 책을 읽는 아이는 예나 지금이나 남다른 포스가 있지 않은가!

수업에 관심이 1도 없는 단골 지각생의 비밀 고민

드르륵, 탁. 오늘도 시무룩한 모습으로 미애가 교실 뒷문으로 들어온다.

우리 반 4번, 고미애를 소개하겠다. 미애는 중3이지만 등교시간은 대학생 수준이다. 날마다 오고 싶을 때 오니까 단골 지각생이다. 그런데 학생은 학교에 있을 때가 제일 자연스럽다. 학생이 학교 담 밖에서 서성거릴 때만큼 부자연스러운 모습이 없다. 늦어도 학교에 오는 게 어딘가 싶다. 그런 미애는 수업에는 아예 관심이 없다. 지각하고 제자리에 앉자마자 책상에 얼굴을 묻고 엎드려 있다. 등교를 한 건 다행이지만 안하무인의 태도를 보니 나는 은근히 부아가 난다.

'도대체 염치라곤 1도 없군.'

수업 마침종이 울리자마자 말했다.

"미애야, 지금 교무실로 잠깐 와봐."

출석 체크를 하려고 미애를 기다렸지만 오지 않았다. 나도 이젠 잔소리마저 지쳐서 이제 그만하자고 작심했다. 지각한 이유나 물으려 했으나 내 마음을 알 리가 없는 미애는 결국 오지 않았다. 미애는 교실 복도에서 나와 마주칠 때마다 나를 피했다. 그날은 나도 심기가 불편해져서 모른 척하고 찜찜하게 하루를 끝냈다.

'중3이나 된 아이가 저 모양이라니….'

나는 끝까지 화를 참았지만 기분은 개운하지 않았다. 그런데 학급 종례 후 도서관에서 미애가 나를 기다리고 있지 않은가?

"선생님, 오늘 지각하고 교무실로 안 간 거 모두 죄송해요. 말씀드릴게 있어서 기다리고 있었어요."

"그래, 그렇게 말해줘서 고마워. 그래도 다음부턴 선생님 약 올리지 마."

미애는 봇물이 터진 듯 이야기를 시작했다. 미애는 초등학생 때 엄마가 집을 나가서 아빠랑 산다. 동네 치킨집을 하는데 배달 위주라서 먼 곳의 배달은 아빠가 오토바이를 타고 가고 가까운 곳은 미애가 걸어가서 배달한다. 그런 상황에서 미애의 고등학교 진로에 문제가 생겼다. 미애는 타 지역의 특성화고교에 진학을 하고 싶은데 그러면 입학 후부터 기숙사 생활을 해야 한다. 하지만 아빠는 미애가 지역 일반계 고교에 진학해서 배달 일을 계속 도와주기를 바란다. 공부와 담을 쌓은 미애에게 일반계 고교에 가라는 것은 미애 보고 죽으라는 것과 다를 바 없다. 그런데도 아빠의 고집은 요지부동이다. 나는 고민이 컸다. 남의 집 생계가 걸린 생업과 연관된 일이라 깊게 간섭할 수도 없었다. 그러나 마음 한편으로는 아이의 장래가 걸린 문제라는 생각을 떨칠 수가 없었다.

매 맞는 아이, 책을 통한 자아 발견으로 꿈을 말하다

공기가 없는 진공 속에서 우리는 질식하여 죽을 수 있다. 우리 삶에서 '진공'이란 '소통'이 없는 인간관계와 같다. 사람들은 부유하는 공기분자처럼 각자 의미 없이 둥둥 떠 있다. 무관심 속에서 아무런 일이 생기지 않으면 그나마 다행이고 서로 부딪쳐 생채기를 만들어준다면 최악의 인간관계이다.

나는 미애가 그 '진공' 속을 무사히 나갈 수 있게 좀 도와달라고 외치는 소리를 마음으로 들었다.

그렇게 시간은 흘러갔다. 중3 졸업 전까지 미애는 계속 도서실에 와서 그동안 내가 추천해준 책들을 꾸준히 읽었다. 제법 긴 시간 동안 책을 읽으면서 미애는 자아정체감에 눈을 떴다. 자신의 현실 문제를 고민하기 시작한 것이다. 어느 날 리처드 버크의 『갈매기의 꿈』을 읽고 미애는 당당하게 말했다.

'나는 누구인가? 매일 매 맞고 사는 아이!'

이 책의 주인공인 갈매기 조나단의 용기 있는 행동이 감동적이다. 갈매기지만 꿈을 가지고 마침내 그 꿈을 이룬 게 인상적이다. 이제 자기도 꿈을 가질 수 있고 자기 꿈을 꼭 이루기 위해 끝까지 노력할 자신감이 생겼다고 말했다. 모든 아이는 몸도 마음도 유연하다. 책을 읽고 나서 미애는 놀랍게도 변해갔다. 자아를 발견하고 자신감과 생각이 깊은 아이로 변해갔다.

미애가 책을 읽으면서 작가와의 대화를 통해 자아를 발견하고 주인공의 마음도 이해하게 된 것이다. 이것이 바로 독서를 통한 상호작용이고 소통이다. 제대로 읽기만 한다면 책을 읽은 아이의 읽기 전과 후의 변화상은 매우 현저하다. 정말 아이가 달라지는 건 시간문제다. 우리가 생각하는 것보다 더 위대한 독서의 힘이다.

또한 미애의 문제는 현실의 아빠 마음을 읽어야 한다는 것이다. 미애 아빠의 대화 수단은 폭력이다. 때려서 아이의 말문을 막아버리는 것이다. 말없이 일이나 하면 된다는 식이다. 그런데 미애는 자신의 꿈을 찾기 위해 그런 답답한 아빠를 설득할 용기를 가지게 되었다.

"집안일이 힘들어서 아빠 곁을 도망치려는 게 아니에요. 제 꿈은 3년 후에 미용기술자가 되는 거예요. 그러려면 타 지역의 특성화고교에 입학한 후 기숙사로 들어가 살아야 하고요."

이런 내용의 편지를 아빠 앞으로 보냈다. 그리고 아빠의 소원이 돈을 많이 벌어서 집 나간 엄마를 찾고 셋이 함께 사는 것임을 잘 알고 있으며 아빠의 소원이 이뤄지도록 자기가 도울 것이라고 당차게 약속을 말했다.

미애의 아버지는 당장 학교로 달려왔다. 고집불통으로 문제아인 미애가 이런 깊은 생각을 하고 있는 줄 꿈에도 몰랐다고 했다. 미애가 모자라고 미련하게만 보여 매로 다스린 자신의 잘못을 후회했다. 미애는 더 이상 '매 맞고 울다가 잠들던 아이'가 아니었다.

독서가 아이의 꿈과 꿈을 이루는 방법을 찾아준다

책을 읽으면서 완전히 달라진 미애를 보라. 미애는 자아 발견으로 높은 자존감을 키우고 독재자형 부모를 설득할 줄 아는 아이가 되었다. 그 결과, 자신의 꿈을 성취하고 자기 혁신을 이루었다. 이처럼 책 읽는 아이, 미애는 자아 발견을 통해 스스로 꿈을 찾고 그것을 이루는 방법까지 찾았다.

독서는 아이가 자기 꿈과 인생의 큰 그림을 스스로 그릴 수 있도록 도와준다. 자기 꿈을 방해하는 주변인도 설득하려는 단단한 용기를 가진 아이, 즉 자존감이 높은 아이로 훌륭하게 성장한다.

나는 미애가 도서실에 올 때마다 자아 정체성 발견을 지도했다. 상담도 필요했다. 날마다 매 맞고 울다가 잠들던 아이에게는 자존감이 설 자리가 없었다. 독서를 통해 소통능력을 키워 부녀관계까지 정상화시켰다. 미애의 독서는 스스로 자존감을 높이고 자신의 꿈을 찾기 위한 진짜 공부였다. 미애의 자존감 회복은 꾸준한 독서코칭의 결과로 얻은 값진 열매인 셈이다.

자존감 클리닉 2

Q : 중학교 3학년 미애는 자신의 꿈을 이뤄줄 고등학교 진학을 위해 집을 떠나고자 한다. 아버지는 이해를 못 하고 아이에게 매를 든다. 미애는 어쩔 줄을 모른다. 어떻게 할까?

A : "미애야, 많이 힘들지? 내가 널 응원할게."

"네가 매 맞는 것은 전혀 네 잘못이 아니야."

"지금은 견디기 힘들지만 네 꿈을 이루기 위해 끝까지 노력하길 바라고…. 이 『갈매기의 꿈』을 읽으면 네 문제를 해결하는 데 도움이 될 거야."

"이젠 나도 내 꿈을 위해 부모님을 설득할 자신이 생겼어요. 갈매기 조나단 리빙스턴에게서 '용기'를 배웠어요."

이유 없이 매만 맞고 울다가 잠들던 미애가 더 이상 아니다. 미애는 자존감 독서법으로 축 처진 어깨 위로 자신감과 자존감이라는 양 날개가 생겼기 때문이다.

03
올바른 인격과 양심이 자란다

너희들도 나처럼 살았으면 해. 항상 정의의 편에 서고,
이루고자 하는 꿈이 있다면, 말보다는 행동으로 보여주길 바라.
그리고 무엇보다도 인간은 평등하고 사랑받을 권리가 있다는 걸
명심하길 바랄게.
- 마틴 루터 킹(미국의 목사, 시민운동가)

양심보다 욕심으로 가득 찬 아이로 자란다면?

욕 잘하는 아이의 자존감은 어떨까? '욕 배틀, 욕설 문화에 빠진 10대
들' 초등학생이 중고교생을 제치고 '욕 배틀Battle'의 우승자가 되었다는
기사를 접하면서 참담함을 느꼈다. 인터넷상에서 만나는 사람들끼리는
얼굴도 모르고 나이도 모르고 성별도 모른다. '욕 배틀'에서는 참가자 간
에 의견충돌이 생기면 서로 욕설을 날리며 자기주장을 한다. 어린 아이
들은 센 척하면서 욕을 하고 허세를 부리려고 시간을 낭비하며 욕을 한
다. 서로서로 욕하고 욕먹고 벽에 X칠하며 살겠다는 무모한 의지를 불태
운다. 서로에 대한 인격 모독과 허세, 자랑으로 보는 사람들까지 불쾌하

게 만들어서 세상에서 제일 쓸모없는 '잉여짓' 중 하나라고 말하는 네티즌도 있다.

습관적으로 입에서 욕이 나온다. 10대가 욕을 쓰는 이유는 남들이 다 쓰니까 쓴다거나, 사람으로부터의 스트레스 해소, 친근감, 습관 때문이다. 인터넷상에서 게임하듯 욕 잘하는 사람이 이기는 '욕 배틀'이 유행할 정도로 '욕설'이 청소년의 문화로 자리 잡았다.

여기서 주목할 만한 것은 우리 현실의 지나친 '경쟁주의'가 부른 부작용이 보인다는 점이다. '욕 배틀'에서도 우승자가 되어서 우월감을 가지고 싶어 하는 삐뚤어진 경쟁심리를 보여주는 것이다.

지나친 경쟁주의가 아이의 자존감을 죽인다
"2등은 필요 없다."

어느 초등학교 실내 체육관에 걸린 액자 속의 글귀다. 물론 1등만 쓸모 있고 나머지는 필요 없다는 뜻은 아닐 테지만 아이들을 지나친 경쟁주의로 몰아세울까봐 우려가 된다. 1등주의와 성공만을 강요하는 부모들의 과욕이 아이들에게 암묵적으로 전달되어 양심보다 욕심으로 가득 찬 아이로 자랄까봐 걱정이 된다.

지나친 경쟁주의와 1등주의는 똑똑한 아이도 자기의 능력에 도취되어 다른 친구들의 상처나 상실감을 모르는 아이로 만들기가 쉽다. 과정보다 결과만 좋으면 수단, 방법 가리지 않는 사람으로 자라서는 안 된다.

어디 그뿐인가? 수업시간에 자는 아이를 등을 두드리며 깨운 교사가 제자에게 흠씬 두들겨 맞고 실신했다는 기사도 있다. 사제지간에 문제가 일어나면 일단 폭력 교사로 내모는 현실도 문제다. 아무도 그들의 중재자가 되지 않겠다는 듯 방관자들이 공존하는 교실 풍경이 비일비재하다. 경황 없이 일어난 일이라 끼어들 상황이 아니었다고 말하지만 나 몰라라 하는 방임주의가 팽배한 현실이다.

상위 1%를 지향하는 1등급주의식 공부 분위기로 요즘 아이들의 스트레스가 이만저만 아니다. 경쟁의식에 빠져 오로지 1등급의 노예가 된 아이들은 윤리의식이나 공존의 원칙은 신경 쓸 겨를이 없어 보인다.

부모는 아이에게 실패를 두려워 말고 '하고 싶은 일'에 도전하라고 격려해야 한다. 부모의 가치관으로 꽁꽁 묶어두는 아이와 나 몰라라 방치되는 아이는 냉온탕을 오가며 갈팡질팡하는 심신이 불안한 아이가 된다.

책을 통해 '밥상머리 교육' 하라

부모는 자녀 교육을 위한 전략을 잘 짜야 한다. 아이를 쥐 잡듯 하지 말고 고삐 풀린 망아지처럼 풀어놓지도 말아야 하는 교육 역량을 가지고 있어야 한다. 모든 부모는 아이들의 미래를 걱정한다. 그리고 내 아이가 성공하길 바란다. 우선 사람은 사람을 통해서 배우고 성장한다는 이치를 알아야 한다. 부모가 매사에 솔선수범하며 아이의 롤모델이 되는 게 제일 좋다. 그러나 부모도 한계가 있지 않은가? 그래서 독서를 하면서 책 속에서 앞서간 인물들의 삶을 벤치마킹하도록 이끌어야 한다.

내 아이를 똑똑하고 성공한 아이로 키우는 게 모든 부모의 바람이다. 변화하는 시대의 흐름에 발맞춰 챙겨주고 싶은 일이 많지만 매일 책 읽는 습관은 절대 미루면 안 된다. 양치질을 미루었다가 한꺼번에 하지 않듯이 책 읽기는 매일 꾸준히 해야 한다. 부모와 아이가 책 읽고 대화하는 것이 예전의 우리 부모님이 전해준 '밥상머리 교육'이다.

예전에는 식구들끼리 밥을 먹으며 나누는 대화로 인생의 교훈을 얻곤 했다. 요즘은 식구들이 함께 밥 먹기가 쉽지 않다. 현대인은 각자 스케줄이 바빠서 한 가족이 밥을 함께 먹기가 어렵다. '혼밥 시대'라는 말까지 나온다. 그렇더라도 가족끼리 밥을 함께 먹자. 더 나아가 가족이 틈을 내서 '책 읽기'를 하라. 책 속의 많은 내용을 이해하고 부모와 소통하며 아이는 사회를 살아가는 기반을 갖춘 사람이 된다.

말은 그 사람의 인격이라고 하지 않는가! 더군다나 한 번 입 밖으로 나온 말은 쏜 화살과 같아서 돌이킬 수 없다. 어느 시대보다 더욱 중요시되는 현대인의 소통능력이다. 말 공부가 필요한 이유다. 그런데 아무리 고급 스피치 기술을 가지고 있는 사람도 여전히 말 공부는 어렵다고 한다.

그 이유는 무엇일까? 말은 바로 말하는 이의 인격이기 때문이다. 말은 말하는 이의 내면의 충실함이 말로 표현되는 것이다. 따라서 말하는 기술만으로는 제대로 말하기가 어렵다.

자신의 생각과 행동을 다스릴 줄 아는 아이로 자라는 데 필요한 것이 무엇일까? 바로 책 읽기로 다져지는 자존감이다. 진정한 자존감은 자기 자신은 물론 다른 사람도 아끼고 존중해야 한다는 공존의식을 가지는 일이다. 스스로 깨우쳐야 하는 공부다.

'욕은 아무나 할 수 있지만 나는 하지 않는다!'라는 자존감을 지키며 자라는 아이로 키우자. 아이들의 '욕 문화'가 시간이 지나면 저절로 사라지는 하나의 유행이길 바란다. 독서를 가까이하지 않는 아이들의 메마른 인성과 허세가 불거진 유행이라면 하루 빨리 사라지길 바란다.

자존감 클리닉 3

Q : 아이가 생각이 짧고 행동을 먼저 해서 실수를 할 때가 많다. 자신의 실수를 보고 심하게 화를 내는 아이의 자존감은 어떻게 될까?

A : 사람은 누구나 불완전한 존재이다. 내 아이가 완전한 아이이기를 기대하는 것은 부모의 소망이다. 아이가 실수를 했을 때 절대로 "왜 그랬냐?"고 따져 묻지 말아야 한다.

"다친 곳은 없니?"
"일이 이렇게 돼서 네가 실망이 크겠구나."
"실수는 실패가 아니라 다른 것을 배울 수 있는 기회란다."
"너는 똑똑하다. 더 나은 것을 향해 도전할 수 있어."

긍정 에너지를 불어넣어줄 때 아이의 자존감이 성장한다.

04
옳은 행동을 하는 데 두려움이 없다

재능을 갖고 있다는 확고한 신념이 없다면
아무리 놀라운 재능을 갖고 있어도 소용이 없다.
– 이민규(한국의 심리학자)

이국종 교수가 그토록 곧을 수 있는 이유

"2017년 겨울 총탄을 맞으며 JSA를 넘어 남한으로 온 북한 귀순 병사를 살려낸 아주대병원 외상센터 대표 이국종 교수."

이국종 교수, 그는 누구인가? 2011년 석해균 선장의 수술 집도 후 우리나라 중증 외상 분야 의료센터의 열악한 현실이 세상에 알려졌다. 그때 외상 센터를 지원해달라는 국민청원이 20만 명을 넘어서자 청와대에서 그를 불렀다.

"국민들께 감사하다."

그의 첫마디였다. 그 다음은 "외상센터의 문제는 단순히 시스템의 하드웨어적 문제가 아니라, 진정성을 가지고 그 속에서 함께 일할 의사와 간호사가 없다는 것이다."라고 현실적인 어려움을 말했다. 그만큼 중증 외상의료센터의 여건이 열악하다는 것이었다. 그럼에도 불구하고 자신은 결코 외상의료센터를 떠나지 않겠다고 말한 인터뷰를 보았다. 그 순간 나는 그에 대한 존경심을 가졌다.

그는 대한민국 국가 유공자의 아들로 태어났다. 아버지는 6·25 때 한쪽 눈을 잃고 팔다리 부상자로 장애 2급 판정을 받은 국가유공자이다. '병신의 아들'이라고 친구들이 놀릴까봐 중학교 때까지 그 사실을 숨기고 살았다. 집안은 늘 가난했다. 아버지는 아들에게 "미안하다."는 말만 반복했다. 중학교 때 축농증이 심한 그가 병원을 다녔는데 국가유공자용 의료복지카드를 환영하지 않는 병원이 많아 문전박대를 당하곤 했다. 그럴 때마다 그는 '내가 어른이 되면 아픈 사람에게 함부로 대하지 말아야지.'라는 생각을 했다.

그러던 어느 날, 외과의사인 이학산 선생님께서 국가유공자용 의료카드를 보고 "아버지가 자랑스럽겠구나."라고 하시며 진료비도 받지 않고

정성껏 치료해주시고 "열심히 공부해서 꼭 훌륭한 사람이 되어라."라고 격려해주셨다. 그때 그는 어린 마음이지만 '의사'가 되어 자신처럼 어려운 사람을 도울 수 있는 사람이 되어야겠다는 결심을 했다. 환자 1명을 잘 돌봐주면 그 사람은 다시 사회로 돌아가 제 역할을 해낼 수 있는 것임을 깨닫고 그분과 같은 좋은 의사가 되고 싶다는 소망을 가졌다. 마침내 그 꿈이 이루어져 현재 아주대 병원과장인 중증외상센터 대표 이국종 교수가 탄생했다.

인생에서 스승 같은 사람을 만나면 큰 행운이다. 누구나 부모를 선택할 수 없다. 아이가 태어나면서 부모는 이미 존재한다. 국가의 위기로 불운을 당한 아버지가 평생 장애를 안고 살면서 자식에게 오로지 "미안하다."는 말만 할 수밖에 없었던 암담한 처지에 가슴이 찡하다. 국가의 참전 용사로서 장애인이 되었다는 이유로 남에게 숨기며 살아온 아버지의 존재를 '자랑스러운 아버지'로 생각하게 한 의사 선생님의 그 한마디는 아이에게 '자존감'을 심어주기에 충분했다. '병신의 자식'이 아니라 '자랑스러운 아버지의 아들'로 당당히 살아갈 수 있는 자존감의 씨앗을 심어주었다.

세속적인 잣대로 의사가 되면 돈을 많이 번다는 편협한 생각보다 환자 한 사람 한 사람을 잘 돌봐서 그 사람들이 다시 사회의 제자리로 돌아가면 더 많은 일을 할 수 있게 도와줄 수 있어서 의사의 꿈을 꾸었다는 동기가 신선한 충격을 준다.

부모가 아이의 거울이 되어라

현대는 비주얼 시대다. 듣기를 강조한 '이목구비耳目口鼻'의 순서가 '목구비이目口鼻耳: 눈입코귀'로 바뀌어 눈으로 보는 게 먼저인 시대가 되었다. 백화점의 명품들, 외제차, 해외여행, 넓은 평수의 고급아파트, 금수저를 물고 태어난 아이들의 호화로운 생활 등을 통해 막강한 돈의 위력을 아이들이 더 잘 안다.

부모는 덩달아 아이에게 그런 환상적인 삶을 누리려면 공부를 하라고 강요한다. 공부 잘하는 아이가 높은 성적을 가지면 높은 성적으로 좋은 직업을 가지게 되고 좋은 직업이 많은 돈을 벌게 해준다는 논리에 빠진다. 그런 풍조에서 아이들은 심한 공부 스트레스를 받고 자존감이 낮아진다. 즉 일종의 자기효능감이라고 볼 수 있는 자아존중감이 떨어진다. 부모도 좋은 부모가 되는 일이 쉽지 않듯이 어떤 아이가 부모의 기대에 못 미치는 아이이고 싶을까? 뜻대로 되지 않는 현실 속에서 아이는 자괴감에 빠져 자존감 부족 현상으로 열등감을 안고 살아간다.

적합한 정보력과 추진력을 겸비한 지혜로운 부모로 바뀌어야 한다. 시시콜콜한 명령이나 간섭은 과감히 버리고 자녀의 인생에서 한발 물러서야 할 때다. 자녀에게 원하는 행동강령이 있거든 오히려 부모가 먼저 솔 선수범하고 행동으로 보여줘라. 자녀는 부모의 거울이다. 올바른 부모의 행동을 따라하는 판박이로 자란다. 이것이 내 아이의 자존감을 기르기 위한 최고의 전략이다. 자존감 높은 아이가 성공하므로 부모는 아이의 자존감을 지켜주고 키워주는 훌륭한 코치가 되려는 노력을 해야 한다.

"자유롭고 당당하게, 하고 싶은 일에 도전해라."

많은 사람들은 세상에서 가장 부러운 사람이 자신이 좋아하는 일, 하고 싶은 일을 하면서 돈도 벌고 행복하게 사는 사람들이라고 말한다. 생각만 해도 신바람 나지 않는가. 좋아하고 잘하는 일에 열정을 바치며 사는 미래의 내 모습이 가장 부럽다. 그것은 아이나 어른이나 마찬가지로 모두가 바라는 최고의 소망이다.

진심으로 부럽다면 부러워하지만 말고 목표 달성을 위하여 그 꿈을 이뤄나가기 위해 가져야 할 필수 준비물이 뭔지 고민해보자. 다음 이야기에서 그 길을 만날 수 있다. 세계를 감동시킨 캐나다의 12살 소녀, 세반 스즈키의 일화를 소개하겠다.

지구정상회의에서 연설하는 12살, 세반 스즈키

"여러분, 왜 여기에 참석하셨습니까? 누구를 위해서 여기에 왔는지 잊지 마십시오. 우리는 여러분 자신의 아이들입니다. 우리가 앞으로 어떤 세상에서 살아갈지 여러분이 지금 결정하고 있는 겁니다. 저는 여러분에게 호소합니다. 여러분 제발, 행동으로 보여주십시오. 말이 아니라 행동으로.”

지구정상회의에 초대받은 '에코'라는 어린이 환경단체 대표인 세반 스즈키의 연설이다.

우리는 요즘 TV를 통해 한눈에도 부쩍 마르고 지쳐 있는 북극곰의 영상을 자주 본다. 지구 온난화 현상으로 빙하가 녹아서 먹이를 사냥하지 못해 아사 직전의 북극곰이다. 스쳐가는 TV 속의 한 장면에 불과한 것일까? 할 수 있는 일이 하나도 없는 걸까? 어쩔 수 없는 일이라고 생각하는 게 맞을까? 어렴풋이 북극곰이 불쌍하다고 느낄 것이다. 우리는 문제를 해결할 만한 대책이 떠오르지 않고 생각이 없으니 행동도 없다.

그런데 12살 소녀 세반 스즈키는 다르다. 캐나다 밴쿠버 해안가 출생인 세반 스즈키는 환경운동가 부모 밑에서 자랐다. 그래서 자연스럽게 환경보호에 눈을 뜨고 관심을 가지게 됐다. 첫 번째로 온 가족이 '아마존 댐 건설 반대 운동'에 적극 가담하였다. 그 계기로 친해진 아마존 원주민 대표의 초대로 3개월 동안 아마존 여행을 하고 돌아와 즉시 '에코'라는 어린이 환경단체를 만든다. 아마존을 지키는 일 외에도 지구상의 동식물과 환경을 보호하는 문제에 적극 활동했다.

두 번째로, 환경단체 아이들은 밴쿠버 지역의 환경문제에만 관심을 가진 게 아니라, 말레이시아 페난 지역에서 수질오염이 발생했다는 소식을 접하고 가만히 있지 않았다. 온전히 어린 아이들의 힘으로 오염된 물을 걸러서 마실 수 있게 정수용 필터를 말레이시아로 보냈다.

하고 싶은 일, 옳은 일에 도전하게 하는 자존감!

어느 날 지구정상회의 개최 소식을 듣고 초청을 받기 위해 아이들은 백방으로 온갖 노력을 다한다. '지성이면 감천'이었다. 마침내 어린이 환경단체인 에코의 진정성이 전달되어 초청장을 손에 거머쥐게 되었다. 각국의 정상과 국제적 환경운동가가 모인 지구정상회의에서 당당하게 그곳에 모인 어른들을 향해 외쳐서 그들의 마음을 움직였다. 당당하고 진정성 있는 연설을 하는 세반 스즈키의 당찬 모습은 바로 자존감이 높은 아이의 표상이다.

개발이라는 이름으로 자연을 부수는 일은 환경 훼손이다. 지구의 미래에 보답을 줄 인간들을 위한 일이지, 자연 속의 존재들을 위한 일은 아니다. 우리들 잘 살자고 자연을 파괴하는 일을 '개발'이라고 한다. 이 얼마나 모순된 현실인가? 그래서 세반 스즈키는 '이대로 두고 볼 수만은 없어. 우리가 뭔가 할 수 있을 거야.'라는 생각으로 즉시 행동한다.

　자신이 옳다고 생각하는 일을 행동으로 옮기는 데는 무엇보다 큰 자신감과 자존감이 필요하다. 각국의 정상과 국제적 환경운동가가 모인 '지구정상회의'에서 당당하게 어른들을 향한 외침으로 어른들의 마음을 움직이는 진정성 있는 연설을 하는 세반 스즈키의 모습은 누가 봐도 자신감과 자존감이 넘친다. 어른이라고 자존감이 높은 것이 아니듯 나이가 적다고 자존감이 낮은 것이 아니다. 자존감이 높은 아이는 현실적인 어려움 속에서도 당당하다.

하루는 1,440분이다, 하루에 40분만 독서에 투자하라
　지구 반대편에 있는 아이의 자존감 높은 당당한 행동이 세계를 감동시킨 일화다. 반면 우리의 현실은 어떤가? 어른이 시키는 대로 규율을 따르지 않으면 인정받기 어려운 삶 속에서 낮은 자존감으로 살아가는 아이들이 많다. 구겨진 자존감을 펼쳐보려고 '욕설'로 무장하기, '주먹질' 하기, 무표정한 가면으로 속을 숨기기도 한다. 아무리 몸으로 센 척해도 속 빈 강정 같은 영혼에는 자존감이 설 자리가 없다. 답답한 아이는 어설픈 연기를 하지만 표정으로 억눌린 자존감이 티가 난다.

요즘 1318세대의 거친 말과 행동으로 센 척하는 아이들은 결코 보이는 것이 다가 아니다. 아이의 행동을 잠재의식에서 따져 보면 빙산의 일각에 불과하니 속단하지 말아야 한다. 원래부터 그런 아이는 없고 처음부터 문제아는 없다. 부모가 그 원인을 찾고 처방전을 만들어주자.

현대인은 부모나 아이나 바쁜 건 마찬가지다. 아무리 상황이 그렇더라도 부모와 함께 책을 조금이라도 읽는 아이가 낫다. 하루는 1,440분이다. 굳이 1만 시간의 법칙이 아니라도 좋다. 하루에 40분만 책 읽기에 시간을 투자하자. 내 아이가 나만 아는 것이 아니라 남도 아는 사람으로 포용력을 지닌 모습으로 자라길 원한다면 지금 당장 틈새 독서라도 해야 한다. 독서하면서 자존감이 높은 아이로 자란다면 아무 걱정이 없다.

자존감 클리닉 4

Q : 아이가 자신이 당면한 현실을 힘들어하고 도무지 자신의 꿈을 가지지 못하는 것 같다.

A : 가난하게 태어난 것은 죄가 아니다. 참전용사로 국가의 부름을 받고 갔다가 불구의 몸으로 돌아온 아버지의 아들이라는 것은 더더욱 죄가 아니다.
"아버지가 자랑스럽겠구나." 진심 어린 한마디는 아이의 가슴 속에서 긍정 에너지가 되어 인생을 바꾸는 계기가 되었다. 지금까지 숨겨왔던 억눌린 영혼이 햇빛으로 나와 높은 자존감으로 빛을 발산했다.

"너는 꼭 훌륭한 사람이 될 거야."
부모는 지금 보이지 않는 것들을 마치 보이는 것처럼 말해야 한다. 그럴 때 아이는 우람한 나무 그늘을 지닌 쉼터 같은 사람으로 자란다.

05
무한대의 상상력과 창의력이 생긴다

꿈의 힘을 믿어라.
– 버락 오바마(미국 제44대 대통령)

건강하고 긍정적인 기준이는 왜 특수학생이 되었나?

세상의 모든 부모는 아이가 훌륭하게 자라기를 바란다. 우리나라의
교육과정은 약 5년을 주기로 시대의 변화 요구에 맞춰 개정되고 있다.
2015 개정교육과정의 핵심은 바야흐로 21세기가 요구하는 '창의융합형'
인재이다. 즉 인간의 '상상력과 창조력'을 기본으로 갖추고 올바른 '인성'
을 겸비한 사람을 말한다. 아이들의 상상력과 창의력은 다양한 독서활동
을 통해 길러진다고 각계각층의 지식인들은 말한다. 당연히 아이들의 상
상력과 창의력은 책 읽기 과정에서 발굴된다는 논리로 독서의 중요성을
강조한다.

기준이는 참 부지런한 아이다. 우리나라 명문 S대학교 출신인 기준이 아버지는 대학교 교수이다. 어머니는 영어전문학원을 운영한다. 기준이는 일단 학교에 제일 일찍 등교한다. 부모님 말씀으로는 눈만 뜨면 학교에 간다고 집을 나선다는 것이다. 훤칠하고 튼튼한 몸을 지닌 기준이는 학교 운동장에서 스쿠터 타기를 10회쯤 한 후 교실로 들어간다. 운동을 매우 좋아해서 몸이 아주 튼튼하다. 유복한 환경에서 자란 티가 난다. 우윳빛 피부와 튼튼한 외모에 웃는 표정을 늘 잃지 않는다.

과유불급이라는 말처럼 세상 모든 일은 적당해야 된다는 것이 불변의 법칙이다. 기준이는 대도시에서 초등학교를 졸업하고 우리 중학교에 입학을 배정받은 특수학생이다. 기준이가 특수학생으로 입학한 이유는 흔히 말하는 '모자라는 아이'가 아니라 말 그대로 '넘치는 아이'이기 때문이다. 기준이는 어릴 때부터 성장발육이 너무 빠르게 진행됐다. 염색체의 수가 보통 아이보다 많다는 것이다. 행동과잉 장애로 볼 만큼 부산하게 움직인다. 5분도 본인의 자리에 앉아 있지를 못한다. 특수학급 교실에서도 계속 왔다 갔다 하면서 수업을 한다.

끊임없이 움직이는 특성을 가진 기준이는 손과 발로 하는 것은 모두 잘한다. 예컨대 축구 시합에 참여하기, 자전거나 스쿠터 타기 등 발로 뛰는 경기에 탁월한 운동신경이 있다. 그리고 그림 그리기, 블록 쌓기, 조립 공작 만들기 등 손으로 하는 공작은 모두 좋아하고 잘한다. 심지어는 동화책을 읽다가 한 장씩 찢어 종이비행기나 종이학으로 접다가 책 한 권을 다 뜯어버리곤 했다.

다행히 식견이 높은 부모를 만난 기준이는 유복한 환경에서 자신의 타고난 재능을 보호받으며 자랐다. 특수 교실에서 만들기 공작 재료들을 제공하고 도서실 책이 기준이가 종이학을 만드느라 찢어지거나 없어지면 똑같은 책으로 보충해넣을 줄 아는 부모였다.

그런데 기준이는 공간지각능력이 뛰어나다. 다만 문해력이 떨어져 12세부터 언어능력인 읽기와 쓰기가 보통 아이들보다 부족한 결과가 나왔다. 종합병원에서 아동청소년과를 지속적으로 다니며 치료를 받았지만 결과는 좀처럼 달라지지 않았다.

사서 교사가 없는 학교에서 내가 도서실을 담당할 때 기준이는 날마다 도서실에 놀러왔다. 비록 읽기와 쓰기가 되지 않더라도 그림을 보면서 모방화를 그리는 것은 일품이었다. 읽기와 쓰기가 서툴더라도 칭찬을 하면 글씨도 그림처럼 그렸다. 교과 학습에 스트레스가 없고 학교생활이 자유로운 아이는 오히려 창의력이 뛰어났다. 딱히 할 만한 공부가 없을 때 나는 기준이의 삽화 그리기를 도와주며 그를 칭찬했다. 3년이라는 시간이 흐르면서 기준이는 특수학급 학생으로 중학교를 졸업했다.

그림책을 보며 상상력을 키워 자존감을 높이다

교과 공부를 따라잡지 못하는 기준이는 책을 보면서 처음에는 모방 삽화 그리기를 했다. 그러다가 점점 자기 세계의 그림을 상상해 그리기 시작했다. 상상력으로 그려진 기준이의 그림은 보통 아이들의 그림과는 현저히 달랐다. 창의력과 관련 있는 알파파의 활동이 활발하게 진행되고 있다는 뇌파 검사 결과를 참조하면 기준이의 행동을 충분히 이해할 수 있었다.

읽기와 쓰기만 따라야 하는 게 독서는 아니다. 기준이의 경우는 그림책 속의 그림을 보면서 놀라운 일이 일어났다. 자유로운 뇌파 활동인 상상력을 자극하는 알파파의 흐름이 관찰된 것이다. 창의력과 상상력은 독서에서 발전시킬 수 있다는 결과를 생생히 볼 수 있었다. 아이들이 꾸준히 독서를 하면서 자란다면 상상력과 창의력을 발전시킬 수 있다는 확실한 사례를 기준이를 통해서 보았다. 책 읽기는 아이의 상황이 다르다고 하더라도 아이의 자존감과 선한 의지를 키워주는 것이다.

아이의 상황이 다르다고 하더라도 아이의 상상력을 기르기 위해서는 꾸준히 독서하는 것이 답이다. 시대가 바뀐다고 해도 독서는 아이의 상상력과 창의력을 개발시켜 자존감을 높이는 데 기여한다는 확신이 든다.

미국 저널리스트 에릭 칼로니어스는 자신의 책 『어떻게 한발 앞서갈 것인가』에서 비전Vision이란 '내다 보이는 장래의 상황으로 꿈이 실현된 최종 상태'라고 설명한다. 그래서 비전은 반드시 장기적인 목표와 실천을 수반한다. 그렇다면 비전가Visionary란? 멀리 보고 남들보다 먼저 행동하며 자신의 비전을 현실로 만드는 사람을 일컫는다.

에릭 칼로어니스는 특정한 분야의 성공을 이뤄낸 사람들을 직접 만나면서 그들이 보통 사람들은 상상하기 힘든 성공을 이뤄낼 수 있었던 원동력이 무엇인지 궁금증을 갖기 시작했다. 그리고 연구 결과 그들에게는 모두 공통적으로 강력한 '비전'이 있었다고 말한다.

인간은 만물의 영장이다. 언어를 사용하는 고등 동물이다. '태초에 말씀이 계셨다.'라는 창세기의 표현을 보더라도 인간은 언어로 사고하고, 언어로 표현한다. 그래서 다른 사람의 사고를 언어로 표현한 책을 많이 읽고 활용하면 궁극적으로 내 사고의 영역을 넓힐 수 있다. 독서의 필요성을 강조하지 않아도 그 중요성은 누구나 다 안다. 다만 자율적이고 능동적인 자세로 다양한 분야의 책을 읽는 것이 중요하다. 그중에서도 상상하며 읽기가 가장 중요하다. 세상의 모든 물건은 인간의 상상을 현실로 만든 결과물이다.

아이가 상상하며 읽게 하라

아이가 상상하며 읽게 하자. 마치 눈앞에 존재하는 것처럼 생생하게 상상하는 것이 좋다. 라이트 형제가 하늘을 나는 상상을 매일매일 한 것처럼. 아인슈타인이 상대성이론을 연구하는 과정에서 자신이 '빛 위에 올라타면 어떨까?'를 늘 상상해본 것처럼.

이처럼 마음의 눈으로 상상하는 능력은 천재들에게만 가능한가? 전혀 그렇지 않다. 읽고 상상하면 된다. 그리고 자신의 꿈을 그리는 것이다. 자신만의 이야기가 있는 상상의 세계를 그리면 된다. 그것이 세상을 바꿀 수 있는 힘을 지닌 비전가들의 특징이다. 상상하며 독서하는 능력을 키우면서 꿈을 펼치는 미래를 그려보게 하자. 아직은 상상일 뿐이지만 벌써 신바람이 나지 않는가!

자존감 클리닉 5

Q : 아이가 집에 오면 자신의 꿈이 무엇인지 모르겠고 공부는 왜 해야 하는지도 모르겠다면서 짜증을 부린다. 어떤 도움을 줄 수 있을까?

A : 꿈을 가져라, 젊은이여! 오로지 열심히 공부를 해서 좋은 학교에 가야지 꿈을 이룰 수 있다고 말하는 현실에서 나의 꿈을 가진다는 것은 쉽지 않다.

우선 자신의 꿈 리스트를 작성해보자. 꿈과 관련된 독서리스트를 작성해보자. 독서를 하다 보면 내 꿈과 관련된 다양한 정보를 접할 수 있게 된다. 인터넷 정보의 홍수 속에 살고 있지만 더 알고 싶은 내용을 찾아 읽는 과정을 통해 나만의 맞춤식 정보를 쌓아가야 한다.

06
질문과 비판에 당당해진다

질문 기술을 배워 자신의 분야에 활용하라.
당신의 질문이 답으로 돌아온다.
– 제임스 파일, 메리앤 커린치(『질문의 힘』 공저자)

질문하는 아이는 대화의 방해꾼일까?

"선생님, 숙제 검사 안 해요? 제가 읽은 책은 『사랑손님과 어머니』인데, 작가 주요섭이 쓴 한국 단편소설이에요. 이 소설은 1인칭 시점으로 쓴 거 맞죠? 선생님!"

수업 시작 인사를 하자마자 터져 나오는 시현이의 목소리, 오늘도 어김없이 쏟아지는 시현이의 질문이다. 다른 아이들은 시현이에게 눈총을 쏘며 앉아 있다. 나의 응답을 예의 주시하면서 말이다. 한마디로 시현이의 많은 질문이 못마땅하다는 표정이다. 나는 이 분위기를 어떻게 해결해야 할지 잠시 망설이다가 시현이에게 다가가 책상 위 독서노트부터 읽어본다.

"좋았어, 책을 매우 잘 읽었네. 시현이 수고했어!"

시현이의 독서노트를 대강 읽어보고 긍정적 멘트로 시현이를 일단 조용히 시키고 수업을 진행했다. 이 이야기는 지금으로부터 한참 거슬러 올라간 교실의 풍경이다. 그나마 질문이 살아 있는 교실수업 분위기였다. 그러나 요즘은 질문이 사라진 교실 풍경이 더 익숙하다. 시현이와 같은 아이가 사라지는 이유에 대해 생각해보았다. 시현이는 질문을 많이 한다는 이유로 다른 아이들에게 따가운 시선을 받았다. 질문으로 수업시간을 빼앗거나 수업을 방해한다고 아이들은 생각했다. 즉 질문하는 아이를 수업의 성가신 존재로 생각하는 시선이 강했다.

질문과 관련한 기사 하나가 생각난다. 우리나라 서울에서 진행된 G20 정상회의의 폐막식에 참석한 한국 기자들에게 미국 오바마 대통령이 2번이나 질문을 할 기회를 주었다. 그러나 끝내 한국 기자는 아무도 질문을 하지 않고 잽싸게 손을 높이 든 중국 기자가 발언권을 획득했다. 그 결과는 알 만한 사람은 다 알다시피, 많은 사람에게 충격으로 남았다.

이런 일이 왜 일어났을까? 영어로 질문하기가 두려웠을까?

한국어로 질문을 해도 통역사가 있었기에 전달이 가능한 상황이었다. 가장 큰 이유는 무엇보다도 '두려움'이었다. 많은 사람 앞에서 질문을 해본 경험이 부족했기 때문에 내로라하는 기자일지라도 질문에 대한 두려움이 컸던 것이다. 그 후 들리는 후일담에 의하면 "괜히 나서면 입방아에 오를 것이고, 가만히 있으면 표적이 되지 않는다."라는 회피할 생각이 가장 컸다고 했다. 실력이 짱짱한 언론사 대표 기자들이 질문은 '나대다가 망신당할 수 있는 일'이라는 생각을 가졌다는 사실이 놀랍다.

질문하는 아이를 대하는 우리의 교육 현장이 떠올랐다. 눈치 보지 않고 질문하는 아이에게 오히려 '설치는 아이, 조심성 없이 나대는 아이'라는 부정적 이미지를 키워준 결과가 아닐까? 자연스럽게 질문하는 분위기가 사라지고 급기야 질문하기조차 어색해진 것은 아닐까? 나는 한동안 교육자로서 매우 불편한 심기가 들었다.

질문은 몰라서 묻는 경우도 있지만 상대방과의 의사소통을 위한 질문도 있다. 즉, 질문은 대화를 이어가는 징검다리 역할을 한다. 질문은 꼭 정답을 원하는 것이 아니다. 그런데 우리 교실의 모습은 정답만 말해야하는 분위기로 아이들의 말문을 닫고 있지는 않은가? 이것은 의사소통을 방해하는 매우 바람직하지 않은 현상이다.

독서는 두려움을 없애고 질문을 샘솟게 한다

세상에서 일어나는 사건이나 사회적 이슈에 대한 예리한 질문을 해봤는가? 정해진 답이 없거나 더 높은 수준의 사고가 답이 될 수도 있다.

토의와 토론의 성과는 한 사람의 생각보다 여러 사람의 다양한 생각으로 나타난다. 그중에서 근사한 답을 찾는 일이다. 토론과 토의는 대부분 훌륭한 질문이 만들어낸 의사소통의 빛나는 결과다.

바로 독서를 통해 '질문하며 읽기'를 실천하면 질문의 두려움을 바로 던져버릴 수 있다. 평소 독서할 때 '질문하며 읽기'를 훈련하면 어떤 상황에서라도 질문에 대한 두려움에 빠지지 않게 된다. 책의 제목과 관련된 단순한 질문이라도 해본다면 효과가 크다. 표제를 보면서 한 가지 질문을 만들고 독서를 하면 그 답을 찾기 위한 집중 독서를 할 수 있다. 즉 사소한 질문이라도 질문하는 훈련에 익숙해지는 것이 가장 쉬운 사고력 향상 방법이다.

시현이는 자신이 책을 읽었다는 것을 알리고자 수업 시간에 질문을 한 것이다. 즉 교사와 친구들과의 의사소통을 위한 질문인 셈이다. 자신의 독서노트를 읽어달라는 요구일 수도 있다. 말하자면 교사가 행동해주기를 바라는 요구를 질문으로 대신 표현한 것이다. 침묵으로 눈총을 쏘아대는 아이들의 생각처럼 잘난 척을 하기 위해 함부로 나선 것이 아니다.

더군다나 시현이는 시간을 빼앗는 수업의 방해꾼은 결코 아니다.

3살 먹은 아이가 다 아는 쉬운 일이라도 80살 먹은 노인조차 행하기는 어렵다는 세상일 가운데 한 가지가 '독서'다. 누구나 독서가 중요한 것은 다 안다. 그러나 그것을 매일 조금씩 실천하는 사람은 많지 않다. 책 읽기가 아니라도 재밌는 일이 너무 많은 세상이다. 그래서 더 마음으로 끌어당겨서 붙들고 가지 않으면 우리와 함께할 수 없는 것이 독서다.

'질문'의 세계는 깊고 크고 넓다

독서를 하면 얻게 되는 다양한 지식은 자신도 모르게 나만의 지식 창고를 가득 채운다. 그저 하나둘씩 정보를 안다는 것이 아니라 체화시킨 나의 지적 재산을 갖게 된다. 독서는 호기심과 궁금증을 불러일으켜 질문의 세계로 들어가는 출입구다.

시현이는 4형제 중 막내다. 양계 농장을 운영하는 부모가 그토록 원하던 딸이 아닌 넷째 아들로 태어났다. 가업을 이어가기 위해 집안일을 하는 큰형을 비롯해서 대학생 형들, 고등학생 형을 가진 막내 시현이는 과묵한 형들 밑에서 끊임없이 재잘거리는 종달새 같은 존재다. 유복한 가정환경에서 자라는 시현이지만 집안에서 대화를 할 만한 사람은 아무도 없다. 이와 같은 환경 탓에 자연스럽게 시현이는 중학생이 볼 만한 수준의 책을 많이 읽었다. 또래 아이들보다 아는 것도 많고 더 알고 싶은 것도 많은 아이다. 이처럼 독서는 많은 얘기를 들려주는 친구다. 사춘기 아이들에게 독서는 참 좋은 친구가 되어 아이들의 궁금증을 해결해주고 호기심과 질문을 품게 만든다.

시현이는 독서가 친구 같다고 말한다. 독서를 통해 지적 수준이 높은 아이다. 그래서 시현이는 독서 후 끊임없이 이야기하고 친구들에게 질문하기를 좋아했다. 결코 아이들이 말하는 '구시렁시현이의 별명거리는 아이가 아니었다. 시현이처럼 독서를 많이 한 아이의 특징을 이해하지 못한 아이들의 부정적 반응을 보면서 당황했던 기억이 난다. 지적 호기심으로 가득 찬 시현이로선 당연한 질문인데 아이들은 말 많은 꼴불견으로 여겼다. 여느 중학생들보다 '독서'를 많이 한 시현이가 또래집단에서 겪은 부작용이다.

질문할 줄 아는 사람이 합리적 비판도 한다

독서를 골고루 하다 보면, 다양한 생각들을 알게 된다. 때로 그 생각들 사이에서 혼란이 일어나기도 한다. 자신의 사고가 단단한 사람이라면 자신의 주장으로 상대방의 주장을 당당히 비판할 수 있다.

글 속의 내용에 대한 비판의식도 마찬가지다. 하루아침에 아이의 사고가 완성될 수가 없기 때문이다. 아직 자신의 가치관 형성이 불완전한 중학생이 책의 내용에 대해 이해 불가한 의문이 질문으로 나오는 것은 매우 자연스러운 현상이다. 아직 폭넓은 지식을 갖기엔 부족한 중학생인 시현이로서는 이해하지 못할 내용은 당연히 질문을 하고 싶어진다.

또 다른 책을 찾아서 읽고 자신의 궁금증을 해결할 수도 있지만 교사나 친구들에게 물어보는 것이 가장 쉬운 방법이다. 그의 끊임없는 질문과 활발한 독서역량을 활용하기 위해 시현이를 독서토론 동아리에 가입시켰다. 독수리 4형제 집안의 막내인 시현이는 학교 동아리 활동에서도 선배들의 귀염둥이로 환영을 받았다.

시현이처럼 훌륭한 독자는 독서 후에 저자가 말하는 핵심 내용에 대해 질문을 던질 수 있다. 그런 과정을 통해 독자는 자연스럽게 질문의 힘을 기를 수 있다. 비록 소소한 내용이라도 끊임없이 질문을 던지고, 깊이 생각하면서 답을 찾는 과정을 통해 아이의 지적 수준과 비판적 사고력이 향상된다.

요즘 사람들은 모두 해박한 지식의 소유자다. 정보의 홍수에 떠밀려 살다보면 자신이 마치 다 아는 지식인 것처럼 착각한다. 자신들도 아는 평범한 내용을 써놓았다고 하면서 아예 독서를 하지 않는 사람들이 늘고 있다. 그런 부류의 사람들은 얼핏 보면 자신감이 넘치는 것처럼 보인다. 그런데 세상사를 꿰뚫어보는 것처럼 말하지만 자신의 독서에 대한 게으름을 포장해서 말하는 사람일 가능성도 있다. 과연 누군들 세상사의 이치를 다 알고 있을까? 정직한 질문이 필요하다.

　제대로 된 삶을 살아가기 위해서 독서를 게을리해선 안 된다. 선현의 지혜나 당대를 같이 사는 사람의 생각을 아우르는 현명한 사람이 되려는 노력이 필요하기 때문이다. 그것이 바로 부모가 아이와 독서를 해야 하는 이유다. 부모가 아이와 독서를 하면 아이의 인생이 달라진다. 아이에게 질문하며 읽게 하자. '벼는 익을수록 고개를 숙이고 사람은 읽을수록 겸허해진다.'는 말의 의미를 되새겨보게 된다.

자존감 클리닉 6

Q : 아이가 수업시간에 발표를 할 때, 선생님이 질문할 때 자신감이 없는 것 같다. 그리고 무슨 질문을 해야 하는지 모르겠다고 한다. 왜 그럴까?

A : "상상하며 읽어라.", "질문하며 읽어라."라고 말하는 이유는 독서를 할 때 '아이가 질문을 입에 달고 살게' 하기 위해서다.

이는 두뇌 활동의 2가지 합동작전이다. 아이는 질문과 비판에 당당해진다. 자연스럽게 의견을 말하게 된다. 책을 읽을 때, 우선 제목을 보고 아이가 관심 있는 내용이라면 무한상상의 세계로 바로 들어간다. 읽는 중간중간마다 이해되거나 이해되지 않는 내용에 대해 '자문자답'의 형식으로 책을 읽는다면 끝없는 질문을 던지며 읽게 된다. 자문자답 읽기란 책과 자신의 생각을 끊임없이 교환하는 과정이다.

"아이는 질문을 입에 매달고 살게 하라."는 독서교육이 이 아이에게 알맞은 자존감 독서법을 실천하는 처방전이다.

자존감 독서법 멘토링 1

아이에게 독서하는 법을 보여주세요

'생선을 달라는 아이에게 물고기를 잡는 법을 가르치는 교육'이야말로 진정한 교육이 아닐까? 독서하는 습관, 그것은 부모가 아이에게 줄 수 있는 가장 소중한 유산이다. 부모라면 제대로 아이를 도와주고 이끌어줘야 한다. 아이는 부모의 거울이다. 독서하는 아이를 원한다면 장님이 장님을 이끌 수 없듯이 부모부터 독서하는 습관을 지니도록 하라.

다음은 뉴욕대학 교수가 된 하임 G. 기너트의 저서 『부모와 아이 사이』에 나오는 내용이다.

두 아이를 키우는 젊은 부부가 캘리포니아의 어느 간선도로 위에서 길을 잃었다. 두 사람은 통행료를 내는 곳에서 경관에게 말했다.

"우린 길을 잃었어요."

경찰이 물었다.

"여기가 어딘 줄 아세요?"

"네, 통행료 내는 곳이잖아요."

"가시려는 곳은 알고 있나요?"

부부가 같이 대답했다.

"예."

"그렇다면 길을 잃은 것이 아니군요. 확실한 방향만 알면 되겠어요."

경관이 결론을 지었다.

방향만 제대로 안다면 길을 잃은 것이 아니라는 이 이야기의 교훈처럼 자녀교육에서 확실한 방향이 있다면 부모는 커다란 행운을 얻은 셈이다. 확실한 방향으로 아이를 키우기가 쉽기 때문이다. 그리고 그 행운을 손에 거머쥐었다면 자녀를 잘 키우기 위한 노력도 필요하다. 아이를 가진 부모라면 손에 쥔 행운을 버리지 말고 자녀 교육의 방향을 찾는 일에 부단히 노력해야 한다. 아이는 수시로 변화하는 존재이기 때문이다.

2장

독서는
어떻게 아이를 바꾸는가?

Self-esteem Reading

01
아이 미래를 바꾸는 자존감 독서

나는 10대 때부터 터무니없어 보이는 목표를
공개적으로 밝혀 호언장담하는 버릇이 있었다.
일단 공언하면 자신을 궁지로 몰아넣게 되고 강한 책임감을 느끼게 된다.
– 손정의(일본의 기업가, 소프트뱅크 CEO)

자존감을 높이는 독서법의 5가지 철칙

"엄마가 해봤는데 그건 안 돼! 내가 해도 안 되는데 네가 되겠니?"

지금까지 살면서 이런 말을 한 적이 있는가? 아니면 지금까지 살면서
이런 말을 들은 적이 있는가?

해서도, 들어서도 안 될 말이다. 왜냐하면 우선 너무나 기운 빠지는 소
리이기 때문이다. 말하는 사람이나 듣는 사람 모두 맥이 빠지긴 마찬가
지다. 부정적 기운이 넘치는 말은 내 아이에게 '독약'이다.

대신에 아이에게 기운을 훅훅 불어넣어 자신감을 심어주어야 한다. 한 계단 더 올라 자존감까지 최고봉을 점령하도록 하는 것이 좋다. 관심을 가지고 보면 '독서'를 통해 삶의 변화를 실감했다는 주변인이 많다. "독서하고 생각하며 실천으로 옮기면, 뭐든 다 된다."라고 호언장담하는 사람들이 생각보다 많다. 이들의 비밀은 '시간관리'에 중점을 두고 하는 독서법이다.

대부분의 사람들은 독서할 마음은 있어도 시간이 없다고 한다. 이 말의 진짜 의미는 '독서할 시간'은 있어도 '마음'이 없다는 뜻이 아닐까? 왜냐면 세상만사 마음먹기에 달렸다는 말은 불변의 진리이기 때문이다. 아이가 독서의 부담도 줄이고 성취감도 더 크게 느끼면서 아이의 자존감을 높이는 독서법은 따로 있다.

첫째, 만만하게 읽어야 한다. 우리가 밥을 먹을 때 엄숙하고 긴장되게 먹는가? 그렇게 먹다가는 체한다. 편하고 즐겁게 먹어야 한다. 독서도 마찬가지다. 편하고 즐겁고 만만하게 읽어야 한다. 그래야만 아이가 독서의 부담을 줄이고 성취감도 더 크게 느낄 수 있다.

둘째, 작게 읽어야 한다. 독서할 분량이 너무 많게 느껴지면 쉽게 지친다. 작은 분량으로 쪼개어 하나씩 완독한다고 생각을 하고 독서를 해야 한다. '따박따박' 작게 쪼개 파이를 먹듯이. 그래야만 아이가 독서의 부담도 줄이고 성취감도 더 크게 느낄 수 있다.

셋째, 독서가 아닌 다른 일의 시간 계획부터 먼저 짜고 그 다음에 독서할 시간을 가져라. 즉, 게임하기, 놀기, 운동, 휴식하기 등의 일정을 먼저 짠다. 절대 독서 일정을 먼저 짜지 않고, 게임하기 전 딱 20분간 독서한다고 말하면 아이가 당장 책을 읽고 싶지 않겠는가. 그래야만 아이가 독서의 부담도 줄이고 성취감도 더 크게 느낄 수 있다.

넷째, 독서를 마치면 아이에게 보상을 하라. 미루는 습관을 멀리하거나 독서를 적극적인 자세로 하는 등 성과를 낼 때마다 아이에게 보상하라. 아이가 보상 받을 자격이 있음을 알게 하라. 독서가 즐거운 일이 될지 누가 알겠나. 그래야만 아이가 독서의 부담도 줄이고 성취감도 더 크게 느낄 수 있다.

다섯째, 부모는 조급증을 버려야 한다. 아이만의 읽는 방법이나 속도를 그대로 인정해야 한다. 시간경영 전문가 닐 피오레는 말한다.

"느리게 읽는 아이가 게으르거나 산만한 게 아니다. 다만 실패에 대한 두려움, 불필요한 완벽주의에 매여 있기 때문에 그렇게 보인다."

부모는 고정 관념과 강박 관념에서 과감히 탈출해야 한다. 그래야만 독서를 통해 아이가 독서의 부담도 줄이고 제대로 된 성취감을 느낄 수 있다.

자존감 독서법의 1원칙, 아이의 개성을 존중할 것!

그러면 독서의 부담도 줄이고 성취감도 더 크게 느끼면서 아이의 자존감을 높이는 독서법은 무엇일까? 그것은 아이의 개성을 존중하는 독서 지도 방법을 우선하는 것이다.

먼저 부모는 '실패하면 안 된다.', '해내야 한다.', '잘해야 한다.' 등의 강박 관념을 버려야 한다. 그리고 놀 시간을 먼저 계획하고 독서하는 등 어찌 보면 획기적인 방법을 생각해야 한다. '독서는 마음의 양식이다.'라는 말에서 보듯이 아무리 좋은 음식도 잘 먹어야 보약이다. 마찬가지다. 독서도 좋은 책을 읽어야 영양분을 받아들여 제대로 성장할 수 있다. 물론 책을 선정할 때 신경을 써야 한다. 편식이 나쁘듯이 책도 골고루 읽어야 하지만 아이의 꿈과 관련이 있는 책 목록을 정하여 읽는 것이 중요하다.

또한 한 번만 읽는 것보다 같은 책을 반복하여 읽는 것이 좋다. 아무리 좋은 음식도 소화되지 않으면 효과가 없는 것처럼 독서도 그렇지 않겠는가? 한 번 읽는 것보다 같은 책을 반복하여 읽고 아이가 완전히 이해하는 읽기가 좋다.

세상은 깜짝 놀랄 만큼 순간순간 급변하고 있다. 바야흐로 21세기는 4차 산업혁명의 시대다. 시쳇말로 "그래서 어쩌라고요?"라면서 멀뚱거릴 때가 아니다. 지금은 어느 때보다 책을 가까이하지 않으면 안 되는 시대다. 부모나 아이나 '생존독서'가 필요한 시대라는 걸 간과해선 안 된다. 대부분의 사람들은 변화된 세상을 모르는 바가 아니다. 알지만 익숙함의 관성에 따라 그냥 살아간다. 되는 대로 삶의 궤도를 걸어가고 있다. 그들은 어느 날 "세상 참 많이 바뀌었네." 하고 뒤늦게 감탄할 뿐이다.

부모나 아이나 지금까지 잘해온 일일수록 관성대로 하며 살아가는 것은 쉽다. 왜냐하면 그래도 지금까지 잘 되어왔으니까. 독서도 마찬가지다. 필요할 때 잠깐씩 읽어도 사는 데 지장 없다고 믿는다. 공부에 더 많은 시간을 할당하는 이유다. 즉 변화보다 익숙함이 편하다. 이것은 대부분의 보통사람들이 안주하는 삶의 특징이다.

자존감 독서법은 미래 지향적인 독서 습관이다

열린 마음으로 세상을 직시하면 내 아이에게 필요한 게 무엇인지 보인다. 올바른 마인드를 가진 부모라면 아이가 독서의 부담도 줄이고 자존감을 높일 수 있는 독서법을 알고 자라게 하는 것이 중요하다는 사실을 잘 안다. 통조림처럼 똑같이 찍혀져 나오는 방식으로 세상을 바라보는 것이 아니라 다른 생각을 할 줄 아는 직관력과 통찰력을 지닌 아이로 키우는 것이 필요하다. 그러기 위해서는 자존감을 높이는 독서법을 몸에 밴 습관으로 만들어주어야 한다.

성공한 사람들의 독서법을 벤치마킹하도록 부모가 아이를 이끌어줘야 한다. 아이는 자존감을 키우는 독서로 시작해서 사회와 남을 존중하는 사람으로 자라야 한다. 그래야만 진짜 자존감 높은 사람으로 성장해갈 수 있다. 그렇게 자란 아이가 결국 사회적 리더가 될 가능성이 높다.

또한 미래를 지향하는 독서 습관을 길러주어야 한다. 세상에는 2가지 부류의 사람이 있다. 어릴 때부터 독서 습관이 몸에 밴 사람과 그렇지 못한 사람이다. 어릴 때부터 독서 습관이 몸에 밴 사람은 발 빠르게 나가서 자기 분야에서 성공한 사람이 될 가능성이 높다. 아직까지 남들이 못 보는 부분을 예리하게 알아차리는 사람, 내 아이가 그런 사람이 되도록 도와야 한다. 뇌의 센서 기능이 높은 아이가 어른이 되면 성공할 가능성이 당연히 높지 않겠는가!

당신의 아이가 변화된 세상의 급류에 휘둘리며 살아가길 바라는가? 아니면 당신의 아이가 급변하는 세상에서도 현명하게 대처하고 주체적으로 잘 살아가길 바라는가? 바로 그때 가장 필요한 것이 바로 자존감 독서법이다. 그렇다면 아이의 자존감을 높이는 독서법은 무엇일까? 지금부터 그에 대해서 본격적으로 살펴보기로 하자.

자존감 클리닉 7

Q : 아이가 웹툰에 빠져서 다른 책은 읽지 않는다. 독서를 통해서 문제해결이 가능할까?

A : 아이가 태어났을 때 모유를 먹고 그 다음엔 이유식으로 영양을 보충시킨다. 물론 때가 되면 스스로 숟가락으로 밥을 먹는다는 것을 경험으로 안다.

독서도 마찬가지인 셈이다. 아이가 어릴 때는 부모가 책을 읽어주고 글자를 알고 나면 그림책과 같은 읽기 쉬운 책을 읽는다. 갑자기 독서의 변화 시기가 왔을 때 아이는 고난도의 책읽기가 두렵거나 어색함을 느낀다.

이럴 때 부모가 함께 책을 읽으며 아이를 도와줘야 한다. 하루 1,440분 중에 40분만이라도 부모와 책읽기를 함께 하는 아이는 단단한 자신감과 자존감을 얻는다.

02
독서 습관 :
부모의 독서가 아이를 변화시킨다

목표에 정성을 쏟으면 목표도 그 사람에게 정성을 쏟는다.
– 짐 론(미국의 철학자)

부모의 자존감과 독서 습관은 함께 대물림된다

대부분의 사람들은 자신이 가지지 못한 것을 갖고 있는 사람을 부러워한다. 부모는 자신의 아이가 공부 잘하는 아이, 운동을 잘하는 아이, 특기활동을 잘하는 아이, 키 크고 잘생긴 아이이길 바란다. 아이는 부자인 부모, 성공한 부모, 똑똑한 부모, 잘난 부모가 자신의 부모이길 바랄지도 모른다. 그러나 이런 희망은 단지 희망으로 끝나는 경우가 대부분이다.

세상에 다 가진 사람은 없다. 만약 모든 것을 다 가졌다 해도 부모나 아이에게 '자존감'이 없다면 어떻게 될까? 그들의 현실은 겉모습은 화려하기 이를 데 없지만 뿌리가 부실해서 금방이라도 쓰러질 듯한 나무와 같다. 겉으로 보이는 화려한 모습만으로 행복하다고 할 수는 없다. '자존감'이 없다는 건 결국 진짜 실체인 내면이 공허하다는 말이다.

부모의 자존감은 아이에게 대물림된다. 만일 부모가 바람에 흔들리는 나뭇가지와 같은 낮은 자존감을 가졌다면 부모부터 자존감을 키워야 내 아이를 단단한 아이로 키울 수 있다.

식물을 키우다 보면 많은 것을 알 수 있다. 우선 식물은 각각의 성향에 맞추어 키워야 한다. 물을 많거나 적게 주는 일, 햇빛이 강하거나 약한 곳을 찾아주는 일, 그늘이 많은 곳과 적은 곳을 가려주는 일, 바람을 쐬어주는 일 등 식물들은 저마다 정말 다양하고 까다롭다는 사실을 알게 된다. 아이도 마찬가지다. 비단 내 아이라 할지라도 나와는 충분히 다를 수 있다는 사실을 명심해야 한다. 어쩌면 자식은 내 마음대로 키우기 어려운 식물과 같다. 그래서 맞춤형 자녀 교육이 필요한 것이다.

당신은 독서하는 부모인가? 만약 1주에 2권, 1달에 10권, 1년에 100권을 읽는다면 다독가 수준이다. 그러나 만약 부모가 독서하지 않는다면 아이 혼자 알아서 독서하기는 쉽지 않은 일이다. 부모는 아이의 일거수일투족을 지켜보지만 아이를 잘 알지 못한다. 그런데 아이는 부모를 더 잘 알고 있다. 이 사실을 부모만 모른다. 아이가 독서하는 모습을 보고 싶다면 먼저 보여줘야 한다. 독서하는 부모의 모습을!

그리고 간절하게 원하면 반드시 이루어진다는 믿음을 가져라. 부모가 진심으로 바라는 아이가 독서하는 아이라면 적어도 부모부터 독서하라. 그렇게 하다 보면 어느 순간 아이는 부모의 믿음에 보답할 것이다. 물론 아이의 행동 변화를 차분히 애정을 갖고 기다려야 한다.

아이와 함께 공부하고 독서하라

내가 사는 곳은 D광역시에서 1시간 정도 떨어진 인구 13만 명의 소도시다. 일명 삼산이수의 고장이라고도 불리는 곳이다. 이곳은 예나 지금이나 자연과 사람이 자연스럽게 조화를 이룬 전원도시다.

'88서울올림픽 개최!' 그해에 나는 첫 아이를 얻었다. 나 역시 '부모 노릇'이 처음인지라 모든 것이 서툴 때였다. 그러나 한 가지 확실한 것은 '한글 공부'에 대한 확신이었다. 나는 주말마다 D광역시에 있는 서점으로 가서 한글 교재를 사다 날랐다.

인터넷이 발달되지 않은 때라 1주일씩 정해진 코스대로 교재를 아이에게 읽어주면서 '한글 공부' 시리즈를 마쳤다. 그 후 우리 동네에 '천재'가 나타났다는 소문이 들렸다. "약, 빵, 꽃, 책, 눈, 귀, 코……." 아이가 아토피 때문에 자주 병원에 다녔기에 불행히도 내 아이가 읽은 첫 단어는 '약이었다. 약국 옆에 빵집, 그 옆에 꽃집과 책방이 있는 병원 복합상가 가게들의 간판 글씨를 죄다 읽는다는 그 '천재'가 바로 내 아이였다. 나와 함께한 '한글 공부'의 성과가 아이가 길거리 간판을 척척 읽는 것으로 나타난 것이다. 모든 아이는 천재로 태어난다는 말이 실감이 났다. 그때 내 아이의 첫 '한글공부'는 나와 아이에게 신세계 체험만큼 경이롭고 놀라웠다. 부모는 아이와 함께 성장한다.

처음 한 글자로 된 단어를 읽기 시작한 아이는 두 글자, 세 글자 단어를 척척 읽었다. 어느 날 문장을 소리 내어 읽었다. 과학 세계를 담은 '앗!' 시리즈가 있는데 내 아이가 가장 좋아하는 책이었다. 페이지마다 놀라운 과학 이야기를 1가지씩 담은 책으로 아이가 세상에 대한 경이감을 가지게 해준 고마운 책이었다.

그 후 태어난 두 아이에게도 첫 아이가 성공한 '한글 공부'를 적용시켰다. 책을 읽을 줄 아는 첫 아이는 무한 독서의 세계로 빠져들었다. 두 동생을 '책 읽기'로 놀아주는 '천재' 아이는 동생들의 훌륭한 독서 선생님이 되었다. 한글교육과 독서교육을 병행한 결과는 대성공이었다.

아이의 독서 파트너가 되자

부모는 내 아이에게 무엇이 중요한지 이미 다 알고 있다. 아무리 좋은 책 리스트를 꿰고 있더라도 수많은 독서코칭 방법을 알고만 있다면 무용

지물이다. 그 무엇보다 책 읽기는 실천이 중요하다. 독서를 해내는 힘을 길러야 한다. 정작 나와 내 아이가 독서를 하지 않는다면 독서의 효용에 대한 수많은 말은 공허한 메아리일 뿐이다. 당장 온 가족이 하루 중 독서하는 시간을 반드시 정하고 실천하는 것이 필요하다.

거창한 말이 아니라, 지금, 바로, 즉시, 당장 책 읽기를 하라.

부모가 내 아이와 함께 행동으로 옮기는 독서 파트너가 되어야 한다. 부모가 솔선수범해서 독서하면 아이의 자존감이 쑥쑥 자란다. 독서하는 부모를 보며 자라는 것만으로도 아이의 자존감은 자란다. 아이의 자존감을 키워주는 원동력은 바로 부모이기 때문이다.

바야흐로 '10분 아침독서운동'이 전국적으로 시행되어 독서물결을 이룬다. 많은 사람들의 관심으로 독서 인구가 늘고 있는 추세다. 이처럼 좋은 시기에 독서의 바다에서 부모와 아이가 함께 파도타기를 즐겼으면 좋겠다. 부모의 자존감과 독서 습관은 함께 대물림된다. 아이에게 자존감과 독서 습관 2가지 선물을 모두 주고 싶다면, 지금 자존감 독서법을 시작하라!

자존감 클리닉 8

Q : 학교에서 공부를 제대로 안 하던 아이가 정기고사를 완전히 망쳤다고 힘들어한다. 부모로서 어떤 말을 하면 좋을까?

A : "내 그럴 줄 알았다."

"그러게, 평소에 공부 좀 하라고 했지?"

"넌, 게으르고 구제불능이야!"

이런 말은 상처가 난 곳에 소금을 뿌리는 것과 같다.

"그랬어? 시험을 망친 것 같아 불안하고 속이 상했구나?"

"이번 시험은 문제가 많이 어려웠나보구나?"

이와 같은 말이 상처를 동여매주는 진심 어린 말 한마디가 아닐까? 부모의 따뜻하고 진심 어린 말 한마디가 아이를 단단하게 성장시킨다.

03

공부 습관 :
독서 습관이 배움의 태도를 만든다

진짜 가치 있는 일은 불가능한 것을 가능케 만드는 일이다.
– 황병기(한국의 가야금 연주가)

공부 잘하는 아이는 독서도 '잘'한다

아이가 책을 펴고 앉아 있다고 해서 반드시 공부로 이어지지는 않는
다. 어른이 된 우리들의 경험으로 벌써 다 안다. 책을 펼쳐 놓고 몽상에
빠져 있을 수도 있고, 글자를 읽는다고 해도 책의 내용을 다 알지 못할
수도 있다. 독서만 한다고 해서 아이가 공부를 다 잘하는 것이 아니다.
공부 잘하는 아이가 하는 독서법은 따로 있다.

공부의 달인 신영일은 『미래의 운명을 바꾸는 공부 잘하는 방법』이라
는 자신의 저서에서 이렇게 말한다.

"나는 학부모와 학생들이 확보해야 하는 습관을 소개한다. 바로 공부의 기본이 되는 '독서하는 습관'이다. '독서하는 습관'은 인생의 보물이다. 학부모라면 아이들에게 '독서하는 습관'을 가지도록 훈련을 시킬 필요가 있다."

내 아이가 공부 잘하기를 바라는 학부모라면 '독서하는 습관'은 반드시 실천해야 할 생활교육이다. 책 속의 다양한 지식을 흡수하는 능력이 잘 연마된 아이는 그만큼 역량이 크고 넓은 공부를 하게 된다. 세상을 향한 시선이 고정되어 있기보다 깊고 넓은 시야를 지니게 된다. 그러면 다양한 생각을 할 줄 알게 되고, 학교에서 접하는 공부의 범위를 넘어서 자신의 학습 역량이 더 큰 아이가 된다. 한 마디로 고성능 소프트웨어가 장착된 고급 사양의 컴퓨터와 같다. 독서의 가치를 아무리 강조해도 지나치지 않은 이유가 바로 이것이다.

공부와 독서의 공통점 – 평생 해야 한다

시대는 바뀌어도 독서의 중요성이 사라지지는 않는다. 독서의 중요성을 모르는 사람은 없다. 바쁜 현대인들에게 다양한 독서 방법과 기술을 소개하는 책들이 많다. 독서도 맞춤식 독서법이 넘치는 독서 개성 시대다. 새벽형 독서, 심야형 독서, 자투리 독서, 출퇴근시간 지하철 독서 등 사람들이 각자 선택하는 시간대에 따른 독서 유형이다.

나의 지인 중에서 제법 늦은 결혼으로 두 아이의 엄마가 된 사람이 있다. 그는 전문 분야의 직업에 종사하면서 직장 생활과 육아를 병행하게 됐다. 상상해보면 우리가 흔히 하는 말 그대로 육아전쟁이 시작된 것이다. 늦깎이 엄마의 좌충우돌 육아의 괴로움이 그녀를 어려움에 빠뜨렸다. 급기야 특단의 조치로 다니던 직장은 휴직하고 육아에만 전념하게 됐다. 그런데 육아만 하면 모든 것이 잘될 것이라는 생각은 현실의 장벽 앞에서 무너지고 진퇴양난에 빠지게 됐다.

누구나 아이를 낳고 기르면서 비로소 부모가 된다. 그녀도 처음인 부모 노릇이 만만치가 않았던 것이다. 두 아이 기르기 전쟁 앞에서 전술도 전략도 없는 대략 난감한 상황을 혼자서 해결해야 했다. 그녀는 너무 늦은 출산으로 고립된 육아를 해야 했다. 그의 친구들은 다 커버린 아이들만 있어서 대화가 안 되고, 주변의 또래 엄마들도 아이가 처음인지라 아는 것이 인터넷 정보 이상은 아니었다. 그래서 그녀는 150권 이상의 육아도서를 읽고 공부하면서 육아를 했다. 초보 엄마인 그녀의 좌충우돌 육아의 길라잡이는 치열한 독서였다. 현재 두 아이는 초등학생이고 그녀는 복직을 했다. 그녀가 바로 『하루 한 권 독서법』의 저자인 나애정이다. 이처럼 독서는 밤길을 밝혀주는 인생의 등불이다.

이제 '공부'는 학생들의 전유물이 아니다. 많은 사람들이 '평생공부'를 해야 하는 시대다. 요즘은 책과 독서를 더 가까이해야 하는 시대다. 부모가 배울 만큼 배웠다고 생각하고 책 읽기를 하지 않으면 어떻게 새로운 지식을 제대로 알 수 있겠는가? 자가당착이다. 스스로가 우물 안 개구리가 되어 살기로 선택할 사람은 아무도 없다. 책을 가까이하지 않으면 스스로 우물 안 개구리가 된다는 것을 알아야 한다.

독서 습관이 잡히면 공부 습관은 저절로 잡힌다

지금 아이가 공부를 좋아하지 않아서 성적이 낮아도 '독서 습관'은 반드시 길러주는 것이 필요하다. 아이가 나중에 공부든 무엇이든 정말 하고 싶은 마음이 생길 때 독서 능력을 지닌 아이가 실천 역량이 훨씬 높다. 자신이 하고 싶은 공부를 마음껏 더 잘할 수 있게 되는 것이다. 아이의 미래는 아무도 모른다. 지금 부모가 하라는 대로 말을 잘 듣는 착한 아이라도 독서를 소홀히 하고 있지는 않은지 점검해봐야 한다. 아이에게 독서 능력을 길러주는 것이 부모의 의무이고 역할이다. 아무리 바쁘게 살아도 끼니를 챙겨야 건강하듯이 정신없이 돌아가는 세상이라도 독서하는 사람이 되어야 한다.

아이가 행복한 인생을 살 수 있도록 하는 역량에 독서능력을 포함시켜야 한다. 가능하다면 부모도 아이와 같이 독서를 하고 독서 습관을 잘 길러주자. 부모와 아이가 '윈-윈' 하는 길이다. 아이에게 정신적 유산인 독서 습관을 물려주도록 하자. 부모가 책을 읽고 공부하는 모습 자체가 아이들에겐 소중한 유산으로 대물림된다.

세계적으로 위대한 인물을 많이 배출한 유대인들의 자녀 교육 중에서 가장 핵심은 독서다. 어릴 때 침대 머리맡에서 시작된 부모의 독서가 평생 유대인들에게 독서하는 힘을 준다. 요즘 인기 있는 '하브루타' 교육은 '질문하며 대화하기' 교육 방법을 말한다. 2명이 짝을 지어 묻고 대답하는 과정을 통해 질문식 학습의 가치를 강조한다. 가장 기초적인 사회 단위인 가정에서 부모와 아이가 독서를 한 후 아이의 눈높이에 맞는 질문을 하고 답을 하는 과정에서 자연스럽게 대화하는 훈련을 한다. 그렇게 자란 아이들은 어른이 되어서도 논리적, 분석적 사고력과 동시에 표현하는 능력까지 자연스럽게 지니게 된다. 질문에 답하는 과정에서 가족 간의 대화는 기본적으로 충족된다는 것을 알 수 있다.

이처럼 어릴 때 가정에서 독서하고 질문하며 답하는 습관이 몸에 배어 평생 간다는 사실을 유대인 가정교육에서 볼 수 있다.

『운수 좋은 날』로 국어 공부하기

보라는 도서부에서 추천한 이 달의 도서 중 『운수 좋은 날』을 읽었다. 제목은 어디선가 들은 적이 있어서 친근감을 가지고 읽었다. 현진건 작가가 쓴 한국 단편 소설이고 등장인물은 김 첨지와 그의 아내 그리고 젖

먹이 아들 개똥이, 인력거꾼인 김 첨지의 친구가 나온다.

보라는 언젠가 국어시간에 배운 문학작품 감상의 4가지 관점이 생각
났다. 문학작품 그 자체가 지니는 가치를 말하는 절대론적 관점, 작가와
관련 있는 표현론적 관점, 시대적, 사회적 배경과 관련 있는 반영론적 관
점, 작품의 감동이나 교훈과 관련 있는 효용론적 관점이다.

반영론적 관점에서 보면 시대적 배경은 우리나라에서 '인력거'라는 게
교통수단이었던 시대이니 지금보다는 훨씬 거슬러 올라간 1920년대 일
제강점기다. 일제강점기 우리 민족의 가난하고 어려운 처지를 김 첨지를
통해서 잘 표현하여 전달하고 있다.

이 소설은 '째지게 가난하다.'는 말이 어떤 의미인지 보여준다. 하루 벌
어 하루 먹고사는 처지인 김 첨지는 그 시대의 민족적 가난의 표상이다.
그런데 며칠 동안 벌이가 없다 보니 궁핍한 살림살이가 더 가난할 수밖
에 없었다. 그 와중에 이웃집에서 보리찌꺼기를 얻어먹고 급체를 한 개
똥이 엄마, 즉 김 첨지의 아내는 뜨끈한 설렁탕 국물이 먹고 싶다고 애원
한다. 그리고 하루씩 벌어 겨우 먹고사는 처지인 김 첨지에게 "오늘 하루
일을 나가지 않으면 안 되겠냐?"라며 이해할 수 없는 말을 한다.

그러나 김 첨지는 오늘따라 징징대는 아내를 야멸차게 뿌리치고 인력
거를 끌고 돈을 벌러 나간다. 때마침 쏟아지는 비 때문에 인력거 손님이

몰려든다. 오늘따라 장사가 잘되는 바람에 아침에 아내가 한 말이 김 첨지의 뇌리를 스쳤지만 계속해서 찾아드는 손님 때문에 다른 날보다 더 늦게 일이 끝난다. 돈을 많이 번 김 첨지는 친구에게 맛난 저녁과 술까지 사주고 '설렁탕'을 한 그릇 사들고 아내와 어린 아들이 기다리는 집으로 간다.

여기서 잠깐! 대한민국에서 중고등학교를 나온 사람이라면 누구나 한 번쯤 읽었을 이 『운수 좋은 날』의 클라이맥스가 눈앞에 펼쳐지지 않는가?

그토록 먹고 싶다던 설렁탕을 사왔는데 김 첨지의 아내는 나무토막처럼 차디찬 방바닥에 널브러져 있었다. 그 광경에서 더욱 더 처량한 것은 젖먹이인 개똥이가 젖이 나올 리가 없는 제 어미의 빈 젖을 물고 빽빽 울고 있는 모습이다. 그 처량한 울음소리가 골목길까지 울려 퍼졌다. 여기서 보라는 도저히 자신의 상상으로는 이해할 수 없는 김 첨지의 무지막지한 행동에 대해서 질문을 했다.

나무토막처럼 널브러져 있는 아내에게 발길질을 해대는 김 첨지, 그리고 냉큼 일어나지도 않고 사온 설렁탕을 먹지도 못하냐면서 고래고래 소리를 지르고 험한 욕까지 해대는 김 첨지의 엉뚱한 행동을 도저히 이해할 수 없다는 것이었다. 보라의 질문은 마땅히 맞는 말이다. 제정신이 아니라 미친 듯한 김 첨지의 이상한 행동을 어떻게 이해하란 말인가?

생활고에 찌든 김 첨지는 갑자기 내린 비로 말미암아 다른 날보다 더 많은 인력거 손님을 태우고 다른 날보다 훨씬 많은 돈을 번다. 오랜만에 굴러온 행운에 기분이 좋아진 김 첨지는 친구에게 밥과 술을 사준다. 여기까지는 '운수 좋은 날'이다. 하루 종일 불길한 이미지로 각인된 아내의 처지를 궁금해하며 설렁탕까지 사서 집으로 갔지만 현실은 그의 불길한 예감대로 펼쳐져 '운수 좋은 날'의 일그러진 모습으로 그를 맞이한다.

오늘 같이 운수 좋은 날에 아내가 죽었다는, 눈앞에 펼쳐진 차마 믿기지 않는 광경을 본 그의 심정을 험한 욕과 거친 행동으로 표현한 소설의 결말이 시사하는 바는 뭘까? 그것은 가난의 역설적인 표현이다. 현실의 물질적인 가난은 사람의 영혼마저 좀먹는다는 것을 표현했다. 어쩌면 물질적 가난이 사람을 불행하게 하는 것 같지만 가난에 눈 먼 장님으로 살아가는 영혼의 궁핍이 더 불행하다는 사실을 표현했다. 또한 김 첨지가 무서워하는 것은 자기 눈앞에 펼쳐진 두려운 현실이다. 죽은 아내를 향한 거친 말과 행동이 도저히 믿기지 않는 현실에서 두려움의 반전된 모습으로 역설적으로 표현됐다.

보라는 이 소설을 읽고 인간의 행동은 마음의 표현임을 확실하게 알게 되었다고 말했다. 특히 김 첨지의 이해할 수 없는, 죽은 아내를 향한 태도에서 아내를 향한 애정의 표현도 포함되었다는 것을 확실히 알 수 있었다고 했다. 물론 표현론적인 관점에서 보면 문체의 특징을 이해할 수 있다고도 했다.

"선생님, 이번 달에는 고전문학에서 찾아서 읽어도 되나요?"

"그래, 좋아. 어진이는 고전문학 작품에 관심이 많은가봐?"

"네, 이번에는 『심청전』을 제대로 한번 읽어보고 싶어요."

바야흐로 학교는 2학기가 시작되어 '중1 자유학기제'가 시행되었다. 아이들에게 시험의 중압감을 덜어주고자 중학교는 1년에 4회 실시하던 정기고사를 2회로 줄이고 2017학년도부터 전국적으로 시행된 새로운 제도가 '자유학기제'이다.

자유학기제는 말 그대로 아이들을 시험이라는 평가에 얽매이지 않고 자유롭게 학습하고 관찰평가한 결과를 서술식으로 기록해주라는 취지에서 생겨난 새로운 평가 제도이다. 어쨌거나 교수 학습의 주체인 학생이나 교사의 입장에서 볼 때 '자유'라는 단어를 싫어할 이유는 없다. 아이들은 일단 2학기 동안은 정기고사가 없다는 것만으로도 대환영인 셈이다.

1주에 2시간씩 주제별 학습을 실시하는데 나는 1학년 자유학기제를 '독서 중 읽기 활동'으로 한 학기를 진행해보았다. 물론 아이들이 스스로 읽을 책을 선정하고 독서 목록을 정한다. 요즘 아이들은 예전보다 독서를

94

덜 하는 분위기에 놓여 있다. 아무래도 독서보다는 게임이나 스마트폰에 할애하는 시간이 많은 게 현실이다.

아이와 함께 평생 독서, 평생 공부 습관을 기르자

학부모라면 아이의 '독서 습관' 기르기는 의무다. 가장 중요한 것이 부모 역할이다. 부모는 자식을 낳고 기르는 동안에 천사가 된다. 세상에서 좋은 것은 다 해주고 싶은 것이 부모의 마음이다. 내 아이에게 좋은 옷을 입히고, 좋은 음식을 먹이고, 좋은 물건을 사준다. 부모는 아낌없이 주는 나무와 같다. 특히 한국의 부모들이 유별난 학부모가 많다는 것을 다 안다. 그렇다고 나쁘다고만 할 수는 없다. 만약 삐뚤어진 곳이 있다면 바로 세우기만 하면 된다. 요즘 아이에게 책을 사주는 부모가 많다. 안 사주는 것보다는 백 배 낫지만 아이에게 책을 사주기만 하면 안 된다. 부모가 책을 읽으며 공부하는 모습을 보여주는 것이 최고다.

물론 세상살이에 지칠 대로 지친 학부모에게 부담을 주는 말은 분명하다. 무엇보다 책 읽을 시간이 없다, 피로가 눈을 감기게 한다고 변명할지도 모른다. 부모는 학생도 아니고 어른인데 무슨 공부를 더 할 것이냐고 반문할 수도 있다. 그런데 모든 부모는 내 아이가 책을 많이 읽고 공부를 잘하기를 바란다. 그렇다면 정답은 있다. 그 꿈을 이루기 위해서 부모가 먼저 책을 읽고 공부하는 모습을 보여주면 된다. 그 효과는 엄청나다.

부모의 그런 모습을 보면서 아이들은 자연스럽게 책을 읽고 공부를 하게 된다. 물론 공부가 다가 아닌 세상이지만 말이다.

　우리도 아이들에게 어릴 때부터 독서하는 습관을 심어주고 질문하며 답하는 표현능력향상 범국민운동을 펼치고 가정에서 독서를 실천하는 일만 남았다. 구슬이 서 말이라도 꿰어야 보배인 것이다. 독서 습관으로 공부 습관까지 잡아라. 서 말의 구슬을 꿰어 만든 목걸이는 2배, 3배의 가치를 낸다. 정성 들여 만드는 독서 습관도 마찬가지다. 만들기 어렵다는 공부하는 습관까지 2배, 3배의 가치를 더 가져올 것이다.

자존감 클리닉 9

Q : 아이가 책을 읽어도 무슨 뜻인지 잘 모르겠다고 한다. 뭐가 문제일까?

A : 아이의 수준에 맞는 책을 골라서 읽어야 한다. 아이가 꾸준히 책을 읽지 않았다면 어휘력이 낮을 것이다. 초등 고학년이라도 저학년용 책을 읽는다. 중학생이라도 초등학생용 책을 읽어도 좋다. 기초 단계의 책을 읽는 훈련을 통해서 점차적으로 고난도의 책을 읽으면 좋다.

04

자아 발견 :
말과 글로 내면을 들여다본다

행복의 비밀은 자신이 좋아하는 일을 하는 것이 아니라,
자신이 하는 일을 좋아하는 것이다.
- 앤드류 매튜스(호주의 작가)

부모는 아이를 그대로 들여다보아야 한다

"눈을 감으면 저 멀리서 다가오는 다정한 목소리……."

어릴 때 즐겨 부르던 노래의 노랫말이다. 자, 눈을 감고 어린 시절을
한번 떠올려보라. 누구의 목소리를 기억하는가? 시험 문제를 못 풀었
고 혼내던 수학 선생님이 생각나는가, 친구들이나 가족들과 깔깔대며 재
미나게 놀았던 추억이 생각나는가? 물론 후자가 더 생생하게 떠오를 것
이다. 무슨 일이 있었는지는 잊어버려도 친구들을 만나 즐겁게 놀았던
기억과 가족들과의 행복했던 추억을 떠올릴 확률이 높다.

그래서 부모는 특히 아이들이 어릴 때에 함께 재미있게 놀아주는 환경을 만들어야 한다. 부모가 재미있고 즐겁고 화목한 가정을 만들도록 노력해야 한다.

그러기 위해서 '눈높이교육'이란 말이 있듯이 부모가 아이의 세계에 뛰어들어 최고의 친구가 되려고 노력해야 한다. 아이가 부모를 필요로 하는 시기는 길지 않다. 바로 영유아기가 부모가 아이들의 행복지수를 높여줘야 할 시기다. 이때 부모와 아이가 가장 많은 대화를 해야 한다. 그래서 아이가 자신의 생각을 표현할 수 있는 기회를 많이 줘서 아이의 자존감도 높여주고 자아정체감을 키워줘야 한다.

부모는 아이를 원하는 대로 만들어가는 것이 아니라 아이를 있는 그대로 지켜보는 존재여야 한다. 이때 부모가 지나치게 기대를 하면 아이에게 깊은 상처를 주게 되어 평생 잘 치유되지 않는다. 부모의 욕심은 과감히 내려놓아야 한다. 부모의 특별한 양육 기술은 필요 없다. 재미있는 유머 감각을 지닌, 부담 없는 친구 같은 부모가 최고다. 아이의 먼 미래에 재미있는 부모가 되는 것이 내 아이가 원하는 최고의 부모상이지 않을까?

독서로 숨은 자아를 발견하게 하라

어느 시대든 그 시대가 가지는 특징이 있다. 먹을 것 천지인 요즘 세상에서 밥이 '밥맛'일 뿐이더라도 밥의 가치는 소멸되지 않는다. 요즘 아이들에게 독서의 가치가 떨어지고 더 재미있는 게임의 세계가 있다고 해서 독서의 가치를 포기하게 할 수는 없다. 그래서 나는 1학년 자유학기 중 한 학기를 독서 중 읽기 활동으로 진행해보기로 마음먹었다.

아이들은 한 학기 동안 읽을 독서 목록을 스스로 만든다. 자신의 꿈과 관련된 독서 여행 계획을 세운다. 아이들마다 다른 재능을 '끼'라고 본다면 아이들은 모두 '끼쟁이'다. 독서 수업의 슬로건을 '꿈, 끼, 깡'으로 잡았다. 각자 '꿈'과 '끼'를 찾을 때까지 포기하지 말고 '깡'으로 버텨야 한다는 뜻으로 아이들이 수업의 테마를 정했다.

'독서 중 활동'이란 책을 읽다가 인상 깊은 구절이나 문장을 찾아 기록하는 것을 말한다. 더 알고 싶은 내용을 발견해도 기록을 한다. 아이들은 각자 준비한 다이어리 노트에 한 학기 동안 독서 중 활동의 결과물을 포트폴리오 형식으로 만들었다. 차곡차곡 채워지는 독서노트를 쓰고 꾸미는 활동을 통해 아이들의 놀라운 변화를 보았다. 스스로 글을 읽고 재구성하는 과정에서 아이들은 뚜렷하게 정서적 반응을 나타냈다. 그것은 독서를 통한 조용한 혁명이었다.

신영이는 초고도비만 학생으로 보건교사의 특별 건강관리를 받고 있다. 『내 몸 사용설명서』를 읽고 지금까지 자신이 모르고 자기 몸을 괴롭혀왔다고 부끄러워했다. 지금부터라도 자기 몸을 아끼고 잘 돌보는 사랑을 실시하겠다는 다짐을 선포해서 큰 박수를 받았다.

한옥마을 체험기를 읽은 서연이는 지금은 부모님과 아파트에서 살지만 어릴 때에 한옥 마당에서 놀던 시절이 그립다고 했다. 서연이의 꿈은 주택 설계사다. 전통 한옥의 불편함을 개선하고 멋진 한옥을 짓겠다는 꿈을 말했다.

북극곰 이야기를 읽은 가빈이는 지구온난화를 막을 수 있는 환경 문제 연구가가 꿈이다. 예전보다 많아진 생활 쓰레기 배출 문제와 교내 절전 운동 실천에 앞장서겠다고 말했다.

『심청전』을 읽은 어진이는 울먹이면서 발표를 했다. 대학 교수인 아버지가 건강이 나빠져서 우리 지역 대학으로 전근 오시는 바람에 어진이도 전학을 왔다. 어진이는 정든 친구들과 헤어진 일로 아빠와 섭섭하게 지냈는데 심청이는 불평불만도 하지 않고 아버지 소원을 이뤄주는 행동을 읽고 눈물이 났다고 했다. 몸이 아픈 아빠를 위해 더 착한 딸이 되겠다고 했다.

그동안 아빠에 대한 서운함이 죄송함으로 바뀌었다고 했다. 갑자기 정해진 시골 학교로의 전학이 어린 마음엔 큰 충격이었으리라.

『심청전』을 몰입 독서한 후 어진이는 정서적 반응이 크게 나타났다. 심청이가 아버지의 소원 성취를 위해 목숨도 아끼지 않는 장면을 읽을 때 자신이 한심스러웠다고 했다. 어진이는 아빠의 건강 회복을 기원하며 쓴 편지를 수업시간 때 울먹이며 낭독했다.

아이들은 독서 중 자신들이 발견한 명언과 문장을 읽으며 스스로 자존감을 키웠다. 독서 수업으로 한 학기를 마무리 할 무렵에 아이들의 몸과 마음이 훌쩍 자랐다. 물론 오락 게임이나 영화 감상도 아이들에게 감동을 줄 수 있다.

이렇듯 숨은 자아 발견과 자아정체감 형성에 도움을 주고 자존감을 높이는 방법으로 독서만한 것이 없다. 독서란 일상에서 잘 보이지 않는 숨은 길을 찾아서 떠나는 또 다른 인생의 여행이기 때문이다.

자존감 클리닉 10

Q : 아이가 자신이 좋아하는 내용의 책만 읽는 경향이 있다. 아이가 스스로 읽고 싶은 책을 읽도록 하는 것이 좋을까? 어떻게 다양한 독서를 하도록 할 수 있을까?

A : 모든 일이 그렇듯이, 독서도 재미가 없으면 무미건조한 일이 된다. 아이가 스스로 읽고 싶은 책을 읽도록 하자.

한 가지 장르만 읽다가도 어느새 자기 스스로가 변화를 찾아간다. 아이들에게 사랑이란 솜사탕 같은 맛이다. 그런데 고전소설의 심청이와 홍길동은 '목숨 걸고' 사랑과 이상을 성취한다는 것을 읽으면 알게 된다. 아이의 폭넓은 독서가 깊고 넓은 생각을 키워 준다.

05
자신감 :
자연스럽게 의견을 말하게 된다

가슴 속에 만 권의 책이 들어 있어야 그것이 흘러 넘쳐서 그림과 글씨가 된다.
– 추사 김정희(조선 후기의 서예가, 화가)

아이의 말을 잘 듣고 진심으로 수용하라

인기 있는 광고문 중에 '진심이 짓는다.'라는 말이 있다. 스쳐 지나가는 광고 문안일 뿐이지만 평범하면서도 깊은 진리를 내포하고 있다. 진리는 누구나 이해할 수 있도록 단순하고, 진심에는 긴 말이 필요하지 않다. 상대방의 마음을 헤아려서 원하는 것을 꿰뚫어보고 던진 진정성 있는 말 한마디라면 소통은 성공이다.

스승 공자와 제자 안연의 유명한 대화가 있다.
가장 아끼던 제자가 갑자기 사라졌다가 나타나자 공자가 말했다.

"나는 네가 죽은 줄 알았다."

그러자 안연이 대답했다.

"스승님이 계신데 어찌 제가 감히 죽겠습니까?"

스승의 마음을 헤아려주는 제자의 진심 어린 한마디이다. 적절한 순간에 결정적인 이 한마디가 사제지간의 신념과 신뢰를 더 키워준 것이다.

왜냐하면 사라졌다가 나타난 제자를 보자마자 "나는 네가 죽은 줄 알았다."라고 불쑥 던진 말은 스승의 비난처럼 느껴지기 때문이다. 그런데 그 말을 한 공자의 숨은 뜻은 '내가 가장 사랑하는 너는 결코 나를 버리고 먼저 죽어선 안 된다'는 것임을 명석한 제자인 안연이 헤아려 안 것이다. 절묘한 타이밍에서 나온 안연의 이 말은 지금도 인구에 회자된다. 바로 사람의 마음을 헤아려주는 진심 어린 말 한마디의 위대한 힘이다.

부모가 매일 만나는 상대방은 아이다. 그래서 상대방의 말은 아이의 말이다. 내 아이와 소통을 잘하려면 부모는 말하기 실력보다 아이의 진심을 헤아리는 통찰력이 더 필요하다.

아이의 말을 듣고 마음속에 담긴 의미까지 제대로 읽고서 자신의 마음을 담은 말로 표현할 수 있어야 한다. 그렇게 할 때 아이는 진심으로 감동하고, 부모와의 대화는 진심으로 소통하는 대화로서 아이의 자존감 형성에 큰 도움을 준다.

현대인은 바쁘게 살고 많은 것을 얻으며 산다. 그런데 그로 말미암아 많은 것을 잃어가고 있기도 하다. 흔히 바빠서 일방적으로 자기가 필요한 말만 한다. 또는 건성으로 듣거나 때로는 막말을 하기도 해서 서로의 마음에 상처를 주기도 한다. 아무튼 이유야 어떻든지, 진심이 담겨 있지 않은 말은 공허한 메아리다. 쓸모가 없다. 자고로 말에는 진심이 담겨 있어야 한다는 것은 만고불변의 진리다.

버락 오바마를 대통령으로 만든 것 – 어머니의 한마디와 독서

미국의 44대 대통령, 버락 오바마는 미국 최초의 흑인 대통령이다. 수많은 보도자료들은 아메리카 건국 232년 만에 일어난 희귀한 일이라고 대서특필로 세계에 알렸다. 버락 오바마의 어린 시절 이야기다.

"검둥아, 저리 가!"
"가까이 오지 마. 내 옷이 더러워진단 말이야!"
"흑인이 대통령이 된다고? 너 미쳤냐?"

친구들의 놀림과 멸시에도 버락 오바마는 외쳤다.
"난 반드시 대통령이 될 거야. 대통령이 되기 위해 실력과 능력을 쌓을 거야!"

그러나 버락 오바마의 눈앞에 펼쳐지는 현실은 그의 말처럼 녹록하지 않았다. 친구들의 놀림과 따돌림으로 어린 오바마의 자존감은 형편없이 추락했다. 고민하고 방황하던 오바마는 친구들과 술과 담배는 물론이고 해선 안 될 마약까지 접하는 비행청소년이 되었다.

'왜 나는 흑인으로 태어났을까? 왜 내 얼굴은 검은 거야? 정말 싫어 죽겠어. 이곳이 내겐 천국이야. 이곳에 오면 백인 친구들의 놀림을 당하지 않아도 돼. 까만 피부의 흑인이라는 사실이 전혀 문제가 되지 않아.'

비행을 저지르며 안도감과 현실도피감에 빠져들었다. 밝은 세상과는 스스로 높은 담을 쌓은 그의 내면세계는 날이 갈수록 망가졌다. 그러던 어느 날이다.

"오바마, 네가 얼마나 힘든지 나는 다 안다. 하지만 지금 이런 네 행동은 네게 어울리지 않아. 너답지 않은 선택이야. 네가 스스로를 학대하고 괴롭히지 않니? 네가 너 자신을 사랑하지 않는데 누가 널 사랑해주겠니? 대통령이 되겠다는 너의 꿈은 네가 원한다면 이룰 수 있어. 그게 바로 너의 희망이고 꿈인 거야."

오바마 어머니의 진심이 담긴 말은 절묘한 타이밍을 놓치지 않고 아이의 마음을 헤아려줬다. 그것은 불가능을 가능의 세계로, 열등감을 자신감으로, 굴욕감을 자존감으로 승화시켜 아이가 바뀌게 한 힘의 원천이 되었다. 삶의 결정적인 순간에 아이의 마음을 헤아려주는 부모의 진심 어린 말 한마디는 아이가 제대로 성장하는 힘, 즉 자존감을 키워주는 위대한 보약이 된다.

그 후, 청년 오바마는 동네 언덕 위에 있는 작은 도서관을 참새가 방앗간 찾듯이 드나들었다. 책이란 책을 모조리 읽고 자신의 꿈을 키워나갔다. 어머니의 말과 독서가 아이의 자존감을 키운 것이다.

눈높이를 맞추고 경청하라, 그리고 진심을 말하라

"저는 흑인으로 태어났지만 그게 어떻단 말입니까?"

"저는 수많은 단점을 극복하고 이 자리에 섰습니다. 내가 원했고, 국민이 원했고, 세계가 원하고 있습니다. 진심으로 새로운 세상을 원하십니까? 그렇다면 저를 뽑아주십시오."

"인간이 최소한의 인간적 권리를 보장받을 수 있고, 서로 사랑하고, 평등하며 자유를 누릴 수 있어야 합니다. 그게 사람 사는 세상이고, 제가 대통령이 된 이유이며, 여러분이 저를 대통령으로 만들어준 이유라는 것을 압니다."

이것은 전 세계 사람들의 심금을 울린 버락 오바마 대통령의 연설문이다.

사람의 마음을 헤아려주는 진심 어린 말에는 힘이 있다. 누군가로부터 이해받고 산다면 자연스럽게 자존감이 높아진다. 진심을 전하는 말은 군더더기가 없고 짧아도 명분을 다한다. 사람들과 대화하는 기술은 어느 시대라도 중요하다. 특히 서로 소통할 수 있는 말의 실력은 갖추기가 쉽지 않다. 하지만 남의 입에서 나오는 말보다 자신의 입에서 나오는 말을 잘 들으라는 탈무드의 말에 귀 기울일 필요가 있다. 부모가 하고 싶은 말만 한다면 아이의 자존감은 자라기 어렵다.

요즘은 정보의 홍수 시대다. 쏟아지는 말 속에서 옥석을 가려듣는 자세가 필요하듯 부모는 아이의 말에서 진심을 파악하며 듣는 노력을 해야 한다. 아무리 부모의 일상이 바쁘더라도 무엇보다 중요한 것은 아이의 마음을 헤아리며 듣는 자세다. 마음을 헤아려주는 부모의 진심 어린 말 한마디가 아이의 자존감을 살리는 힘이다. 특히 독서를 함께 하며, 혹은 독서 후에 아이가 이야기를 한다면 아이와 눈높이를 맞추고 사소한 말이라도 경청하자. 부모가 아이의 말을 경청하고 반응한다면 어떤 상황에서도 부모의 진심은 통한다. 그렇게 진심이 오가는 대화 속에서 아이의 자신감이 자란다. 자신의 말과 행동이 진심으로 수용되면 아이는 마음 속에 있는 말을 꺼내는 용기는 낼 수 있다.

자존감 클리닉 11

Q : 아이가 '꿈'이 뭔지 모르겠다고 한다. 자존감 독서가 아이의 '꿈'을 찾는데 도움이 될까?

A : 무엇이 내 '꿈'인지 아는 사람이 흔하지 않다. 꿈은 하나가 아니라 다양하거나 하나도 없기도 하다.

"성공한 사람들의 독서 습관을 따라 해보게 하라."
다양한 독서를 통해 자신이 어떤 사람인가를 발견한다면 적어도 세상의 급류에 휘둘리며 살지는 않는다.

06
자아효능감 :
의견을 주고받으며 존중을 배운다

인생의 목표를 정하기 전에 다음 4가지를 점검해 봐야 한다.
첫째, 자신이 정말 잘하는 것(재능), 둘째, 자신이 정말 하고 싶은 것(열정),
셋째, 사회가 원하는 것(수요), 넷째, 옳다는 확신이 드는 것(양심)을 적어보는 것이다.
– 션 코비(미국의 기업가, 『10대들의 7가지 습관』의 저자)

부모의 말이 아이에게 긍정적 자아상을 심어준다

지금보다 더 멋진 삶을 위하여 부모들은 자녀에게 자신감과 자존감을 심어주어야 한다. 조엘 오스틴의 저서 『잘되는 나』는 성장기 아이들에게 부모의 사랑과 격려와 인정이 반드시 필요하다고 부모 역할의 중요성을 강조한다.

"넌 뭐가 되려고 그래?"

"형은 늘 1등인데 넌 왜 그 모양이니?"

"그런 성적으로 어떻게 좋은 대학에 갈 수 있겠어?"

혹시 이런 말로 아이의 자존감을 깔아뭉개는가? 아이들 앞에서 이런 말은 절대 금물이다. 이런 말로 아이의 마음에 상처 주는 부모는 아무도 없어야 한다. 말은 씨앗과 같아서 사람의 마음에 뿌리를 내리고 계속 자란다. 아이의 나쁜 습관과 행동은 바로 잡도록 도와줘야 하지만 그런 아이의 마음에 부정적 씨앗을 심는 것은 매우 위험하다. 부모가 잘한 점을 칭찬해주지 않고 잘못만 지적하면 아이의 인생 전체가 망가질 가능성이 크다는 사실을 잊어서는 안 된다.

부모 스스로가 아이에게 좋은 자아상을 단단히 심어주어야 한다. 남들의 작은 언행으로도 아이의 자존감이 무너질 가능성이 있기 때문이다. 세상에는 어린 시절 부모에게 칭찬과 격려의 말을 듣지 못해서 마음에 깊은 상처를 안고 사는 어른들이 생각보다 많다. 아무리 아이라 할지라도 자신의 부족한 점은 다 알고 있다. 굳이 부모가 그것을 한 번 더 강조할 필요는 없다.

같은 말이라도 '아' 다르고 '어' 다르다고 하지 않는가. 예컨대 "넌 정리 정돈을 너무 못 해!"라는 말 대신에 "너도 정리 정돈을 한 번 해볼래?", "이렇게 정리하는 건 어때?"라고 말해보라. 아이의 마음에 상처주지 않고 하고 싶은 말도 잘 하는 품격 있는 부모가 되자.

책 읽기 전, 책 읽은 후 '나 메시지'를 사용하라

"넌 독서를 너무 안 해!"라는 말 대신 "같이 독서할까?", "이 책 재미있는데, 같이 읽어볼래?" 이렇게 말하는 것이 얼마나 좋은가!

명령형과 비난형의 말투는 듣는 이에게 부정적인 감정만 줄 뿐이다. 반면 청유형과 우회적인 권유형 말투는 듣는 이가 쉽게 수용하여 서서히 행동을 유발시키는 효과가 크다.

부모는 반드시 아이의 행동이 유발된 후 보상하는 말을 해줘라. 이때 부모는 '나 메시지'로 표현한다. 그러면 아이의 마음 상처는 사라지고 자존감이 상승한다.

"네가 방 정리정돈을 잘하는 것을 보니, '나'는 기분이 개운하고 상쾌해서 좋다."

"네가 독서하는 것을 보니, 더 깊고 넓은 지식을 얻을 수 있겠다는 생각이 들어서 '나'는 기쁘고 기분이 좋아."

이처럼 부모의 '나' 메시지 전달은 아이의 행동이 단순한 사실이 아니라 부모라는 사회의 구성원과 좋은 관계를 형성하는 소통의 스킬을 알려주는 말하기다. 이런 말을 자주 들으면 아이는 자신의 작은 행동들이 누군가를 기쁘게 하는 것임을 알고 자신에 대한 자긍심과 배려심뿐만 아니라 자존감도 키울 수 있다. 부모는 자녀에게 선한 의지로 복된 말을 하

라. 그것은 아이의 인생에 풍부한 자양분이 된다. 부모의 말은 그 자체가 축복이다. 아이들에게는 부모의 칭찬과 인정이 반드시 필요하다. 부모의 칭찬과 인정은 아이들에게 인생의 원대한 비전을 심어준다. 아이가 어떤 상황에 처하더라도 부모는 자녀에게 자신감과 자존감을 팍팍 심어줘야 한다.

학교 선생님이 발견하지 못한 아들의 숨은 능력과 가능성을 믿었던 에디슨 어머니의 말씀을 소개하겠다.

낙제생이 되어 집으로 돌아온 아들에게 에디슨의 어머니는 이렇게 말했다.

"아들아, 이제 그만 낙심해라. 너는 충분히 꿈을 이룰 수 있어. 너는 보통 뛰어난 존재가 아니야."

그리곤 꼭 안아주었다. 어머니의 진정한 격려와 인정이 낙제생 에디슨을 인류의 위대한 과학자이자 발명가로 만든 힘이 된 것이다. 이처럼 아이가 어떤 상황에 처하더라도 부모는 자녀에게 자신감과 자존감을 줘야하는 이유가 바로 이것이다. 부모의 격려와 인정은 아이들에게 인생의원대한 비전을 심어줄 수 있기 때문이다.

어떤 공부도 잘할 수 있게 하는 자존감 상승의 지렛대, 독서!

『Study is hard work단단한 공부』에서 윌리엄 암스트롱은 다음과 같이 말한다. "세상에 수많은 왕도가 있지만 학문에는 왕도가 없다." 이 말은 지금도 여전히 유효하다. 아르키메데스는 "충분히 튼튼한 지렛대와 받침대만 있다면 지구를 들어 올릴 수도 있다"고 말했다. 모든 사람은 자기 공부나 짐을 가볍게 바꿀 수 있는 지렛대를 찾느라 많은 에너지를 쓴다.

그 수많은 지렛대 중의 하나가 독서이다. 스키를 잘 타는 법을 배우면 스키가 즐거워지듯이 독서하는 법을 잘 배우면 공부가 즐거워진다. 스키를 잘 타려면 넘어지는 고통을 스스로 견뎌야 하듯이, 독서를 잘하는 방법은 독서를 자기주도적으로 해야 한다는 것이다.

공부를 잘하도록 도와주는 지렛대, 즉 독서를 잘하는 아이는 어떤 공부도 잘할 수 있다. 자기주도적인 독서 습관을 지닌 아이는 자발적인 모든 학습에 큰 도움이 된다. 즉 이것은 우리가 당연히 맨손으로 구덩이를 파는 사람보다 손에 알맞은 도구를 든 사람이 더 쉽게 구덩이를 팔 수 있다는 것을 알 수 있는 것과 같다. '독서'는 하나의 기술이며 도구이다. '독서'를 잘하는 기술과 습관을 연마하는 데 기꺼이 시간을 투자하려는 생각을 부모와 아이가 이심전심으로 한다면 아이의 성공은 훨씬 가까운 일이다. 우리가 살아가면서 해야 하는 일 중의 하나가 '공부'다. 공부가 즐거운 일은 축복된 기적이다.

자기주도적 독서로 '스스로 한다'는 마음이 만들어진다

『내 아이가 만날 미래』의 저자 정지훈은 말한다.

"미래 인재의 조건 중 하나는 바로 '스토리'다. '스토리'가 '스펙'을 이기는 시대가 오는 것이다. 목적 없는 열정은 희망이 없다. 그러나 목적은 타인에 의해서가 아니라 학생 스스로 찾아야 공부의 과정도, 몰입도, 융합도 이루어질 수 있다."

'아이디어를 창출하자'는 모토를 실현하는 데도 독서가 기본이다. '스토리 창의융합 교육'에서도 그 근원적인 힘은 독서다. 아이가 스스로 자신의 꿈을 고민하는 시간을 갖고 독서하게 하라. 비슷한 학생끼리 모여 꿈과 관련된 독서를 하면서 협업의 중요성을 체험하게 하라. 미래에는 지적 능력보다 정보 소통과 공유를 통해 지식과 사람을 이어주는 융합 능력이 중요하다. 그래서 미래 사회의 핵심 가치 중 하나가 '인성'이다. 동서고금을 통해 보더라도 독서를 통해 '인성'은 만들어지고 가다듬어지는 것이다.

독서는 타인의 강요가 아니라 주체적이고 능동적으로 실천하는 행동이다. 그 무엇보다 아이의 독서교육을 위해 부모는 최선의 노력을 해야 한다. 바야흐로 그 어떤 시대보다 지금 더 중요하고 필요한 것이 독서다.

학교 시험에서 한 문제 틀렸다고 울상을 짓는 미정이는 언제나 만점을 요구하는 엄마에게 미안한 마음이 든다고 한다. 단 한 문제를 틀렸는데도 엄마가 질책한다고 걱정하는 아이! 과연 아이에게 이런 생각을 가지게 하는 가치관으로 아이를 행복하게 키울 수 있는가에 대한 반성이 필요하다.

아이들을 점수의 노예로 만들지 마라. 실수와 실패를 거울삼아 성공을 도전하도록 도와주는 부모가 되자. 아이들에게 행복을 선물하기 위해 부모는 행복한 고민부터 해야 한다. 그것은 결코 거창한 계획이 아니라 "우리 함께 책 읽을까?"라고 부모가 먼저 말하고 지금 당장 실천하는 것이다.

누가? 부모가! 언제? 지금 당장!

자녀가 태어나는 순간 부모로서의 책임감이 생긴다. 어떻게 해서라도 내 아이를 잘 키우고 싶다는 열망을 갖게 된다. 그럼에도 불구하고 마음만 앞설 뿐 부모 공부는 하지 않고 삶에 쫓기며 산다. 아이가 요람에 있을 때는 그나마 책도 읽어주고 눈 맞춤도 해준다. 첫 걸음마를 할 무렵에는 놀이터에서 같이 놀아준다. 가장 중요한 시기인 사춘기에 접어들 때면 아이와 함께하는 일이 사라진다. 어쩌다 나누는 얘기는 어색한 대화가 될 뿐 더 이상 다정한 대화가 아닌 경우가 많다. 요즘 아이들 말로는 '무늬만 가족'이라고 한다. 형식적 대화만 오간다는 뜻이다. 마음을 터놓고 하는 얘기는 주로 친구와 나눈다. 가족은 오히려 마음속 이야기는 서로 안 하는 경우가 많다고 한다. 우리 현실이 왜 이렇게 안타까운 모습일까?

개성을 살려주면 아이가 자신을 높이 평가한다

『굿바이, 게으름』의 저자 문요한은 "삶이란 우리가 갖고 태어난 씨앗들을 가꾸고 키워서 꽃을 피우고 다시 씨앗을 뿌리는 과정이라 할 수 있다. 그렇기에 성공이란 '꽃을 피우느냐, 피우지 못하느냐'의 문제이지 무슨 꽃을 피우는지, 몇 개의 꽃송이를 터뜨리는지, 언제 꽃망울을 터뜨리는지는 중요하지 않다. 우리 인생 최고의 날은 아직 오지 않았다. 자신이 가장 잘 어울리는 곳으로 나아가라. 결국 삶의 목적은 피어나는 데 있다."라면서 아이의 열정과 개성을 존중하라고 당부한다.

우리 모두가 알다시피, 사회적 성공으로 명성을 떨친 사람은 유태인들이 많다. 그들의 남다른 종교적 신앙심도 한몫 하지만 어릴 때부터 습관화하는 머리맡 독서교육이 그들의 강점이다. 아이가 잠들기 전에 부모가 읽어주는 책이 독서 습관으로 몸에 밴 유태인들은 어른이 되어서도 자연스럽게 어마어마한 독서량을 지닌 사람이 되는 것이다.

유대인들은 자녀교육의 목적이 신에게 부여받은 달란트를 발견하여 재능을 계발하는 데 있다고 한다. 우리의 현실은 아이가 가지고 태어난 재능을 계발하기보다는 살아가는 데 필요한 재능을 갖도록 하는 데에 더 쏠려 있다. 물론 일찍부터 조기교육으로 아이의 재능 계발에 힘쓰는 부모들도 있다. 대부분은 아이의 재능이 무엇인지 진지하게 탐색하지 않고 아이가 미래에 필요할 것으로 여겨지는 주입식 교육을 시키며 아이의 미래는 부모의 능력에 달렸다고 말하기도 한다. 명품 교육이면 더 좋다는 식이다. 하지만 지금이라도 방향을 제대로 잡아야 한다. 아이의 타고난 재능이 무엇이든 반드시 필요한 것은 '독서교육'이다. 마치 씨앗이 자라 무슨 꽃으로 피어날지는 몰라도 '물'이 성장의 필수조건인 것과 같다.

그렇다면 지금부터라도 우리가 지향해야 할 방향은 무엇일까? 아이가 하고자 하는 일을 할 수 있도록 내버려둬라. 뭐든지 자율성이 우러나올 때 그것은 '진짜'가 된다. 억지로 강요된 일은 충만한 삶과는 거리가 먼 '가짜'인 경우가 많다. 충만한 삶은 아이가 즐겁게 살아가는 것이 아닐까.

책도 읽고 싶은 책을 읽을 때 삶은 긍정적 에너지와 행복으로 충만해진다. 절대 독후감을 강요하지 마라. 그냥 읽고 자연스럽게 대화를 하라. 가장 감명 깊게 읽은 내용이 무엇이었는지에 대해 궁금증과 호기심을 가지고 아이와 다정하게 대화하자. 부모는 아이의 눈으로 읽은 독서 이야기에 귀 기울이고 빵빵한 리액션을 날려줘라. 아이와 공감하고 소통하라. 부모가 그렇게 대할 때 아이는 자아효능감, 자아존중감을 느끼며 자존감이 높은 아이로 성장한다.

부모가 자기를 인정해줄 때 아이는 가장 큰 마음의 평정을 느낀다. 그럴 때 자신 안에 뿌듯함이 자라는 것을 알고 스스로 자신을 존중할 수 있다. 바로 자존감이 성장하는 순간이다. 살아가면서 비바람이 몰아쳐도 이를 이겨나갈 수 있는 내면의 뿌리가 깊어진다. 독서 후 자유롭게 대화하라. 아이가 자신의 진정한 내면의 힘을 믿고 '지혜롭게 살아갈 힘'을 지금부터 저축해주자는 것이다.

우선 공부를 잘하는 아이가 되길 바라는 열망이 있다면 독서하는 힘부터 길러야 한다. 아이가 자기 스스로를 존중하게 하라. 아이는 더 좋은 사람, 똑똑한 사람, 행복한 사람이 되고 싶을 것이다. 저절로 공부도 하고 싶어진다. 지식의 철저함과 방대함을 정리 정돈하는 데 필수요소인 독서를 소홀하게 여긴다면 지렛대 없이 물건을 들어 올리려는 것과 같다. 독서의 가치 중 하나가 효율적으로 공부하도록 돕는다는 것임을 기억하자. '독서' 하나로 인성과 자존감 두 마리 토끼를 다 잡자.

자존감 클리닉 12

Q : 아이가 잘하는 것이 무엇인지 모르겠다. 아이가 정말 하고 싶은 것이 무엇인지도 모르겠다.

A : 오체불만족인 사람은 아무것도 할 수 없을까? 아니다. 사지가 멀쩡한 정상인보다 좀 느리고 불편을 겪더라도 그가 하고자 하는 일은 해낸다는 것을 우리는 알고 있다. 팔이 없지만 구족화가로서 그림을 그리고, 다리를 잃었지만 의족으로 축구를 하고, 손가락이 4개라도 좀 더 많은 연습으로 피아노 연주를 한다.

자신의 탁월한 재능과 꿈을 찾을 수 없다는 말은 다 잘하거나 아무것도 하고 싶지 않다는 뜻이다. 책을 읽고, 읽고, 또 읽어라. 마침내 자신의 길을 찾아갈 것이다.

07
자아존중감 :
독서는 삶과 직결되어 있다

되읽고 싶은 책을 단 한 권이라도 챙기고 있는 사람은 외롭지 않다.
– 황순원(한국의 소설가)

이 아이는 어쩜 이렇게 어른스러울까?

이기연. 우리 반 반장인 기연이는 중2 또래아이들보다 체격은 크지 않
다. 하지만 생각이나 행동은 어른스러운 아이다. 성격이 활발하거나 수
다한 편이 아닌데도 내가 질문을 하면 항상 응답을 한다. 내가 질문을 한
뒤 아이들이 침묵했을 때의 어색한 분위기를 해소하려는 기연이의 태
도는 분명히 나에 대한 배려로 보인다. 어디서 그런 순발력이 나오는 걸
까? 시나브로 나는 기연이에 대해서 궁금증이 생겼다. 그렇다고 매일 한
가지씩 기연이에게 질문 공세를 하면서 기연이에 대한 궁금증을 해결할
수도 없었다. 다만 수시로 기연이를 지켜보며 한 학기를 보냈다.

그 무렵 매주 월요일 수업은 지난 주말에 있었던 일에 대해 이야기를 했다. 우리는 이를 '의사소통능력 전략 수업'이라고 불렀다. 먼저 짝꿍과 10분간 각자 주말 이야기를 한다. 그 다음 앞뒤로 4인 1조를 만들어 주말 이야기를 자유롭게 나누는 방식이다. 마땅히 자신의 이야기를 할 게 없는 아이는 경청한 뒤 질문을 한 개씩 던지는 식으로 참여한다. 모서리 토론이나 토의식으로 모두 말하기 수업에 참여한다.

벌들이 윙윙거리듯 교실은 웅성웅성 말소리에 소란해진다. 처음에는 말하는 아이와 듣는 아이로 나누어진다. 몇몇 아이가 말하기의 주도권을 잡는다. 하지만 시간이 지날수록 말하기 순서를 정하고 돌아가며 골고루 자신의 이야기를 하게 된다. 그리고 각 모둠에서 발표자가 나와서 전체 학생들 앞에서 이야기를 한다. 이때 발표자는 자신의 이야기나 모둠에서 들은 이야기 중에서 선택해서 발표한다.

기연이는 그 수업에서 자주 자신의 이야기를 발표했다. 주말마다 가사 노동에 지친다는 자기 이야기를 내용으로 발표했다. 다른 아이들처럼 주말에 집안일을 도왔다는 정도로 이야기를 해서 그런 줄 알고 들었다.

극도로 힘든 상황에서도 효심 지극한 기연이

기연이는 주말마다 힘든 가사 노동에 처한 자신의 이야기를 자주 했다. 부모님은 조그마한 식당을 직접 운영하신다. 삼남매 중에서 기연이는 외동딸이고 오빠와 남동생이 있다. 그러다 보니 주말마다 기연이가 엄마 역할을 하는 상황이다. 고등학생인 오빠의 뒷바라지를 하고 식사나 빨래를 챙기기 바빴고 남동생의 식사까지 기연이가 돌봐야 했다. 처음엔 여중생인 기연이에게 힘에 부치는 일이라 자신도 집안일을 등한시했다고 한다. 그러다가 식당 일을 하고 와서 집안일까지 하는 엄마를 지키기 위해서 기연이가 엄마 역할을 하기 시작했다. 부모님이 다투는 원인 대부분이 집안일 때문이다. 기연이는 부모님이 이러다가 헤어지면 어쩌나 하는 불안감이 컸다. 그 결과 자신의 일을 하지 않고 가사일도 돌보지 않는 오빠나 남동생의 몫까지 기연이가 다 하고 있다. 부모님의 평화를 지키기 위해 자신을 던진 것이다.

고등학생이라 공부에 바쁜 오빠지만 집안에서 자신의 일은 자기가 하고, 초등학생이라 어린 남동생이지만 집안일을 돕고 누나와 함께 가사를 분담해야 한다. 예컨대 기연이가 부엌일을 하면 오빠는 청소기를 돌리고 남동생은 분리수거를 할 수 있지 않을까?

문제는 이 오빠와 남동생의 사고방식이다. 자기들은 바쁘고 기연이는 한가한 것처럼 생각한다. 그리고 집안일은 여자인 기연이가 해야 한다는 생각이다. 기연이도 학교에서 돌아와서 밀린 숙제를 하고 학원도 가야 하지만 틈틈이 집안일을 하려는 기연이와는 생각이 다르다. 기연이는 엄마를 지키고 가정의 평화를 지키겠다는 의지가 있다. 대신 기연이 자신이 매우 지쳐갔다. 정말 기연이는 '애어른'인 셈이다. 자신의 힘에 부치는 집안일이었지만 누군가는 해야만 하는 일이기 때문에 힘들어도 참고 버티는 길을 선택했다. 기연이는 묵묵히 그 길을 걸었다. 힘든 엄마를 생각해서 자기가 가사노동을 전담했다.

기연이는 독서기록장에 자신은 '심청이'보다 행복하다고 말했다. 식당일을 하시는 부모님과 오빠, 남동생이라는 가족이 있음에 감사하다고 말했다. 그리고 '성냥팔이소녀'보다도 행복하다고 말했다. 기연이 엄마는 '착한 우리 딸' 덕분에 자신이 행복하다고 기연이 칭찬을 입에 달고 사신다고 했다.

착한 아이 콤플렉스 – 어른스러운 게 다 좋은 것은 아니다

그런데 문제가 있었다. 기연이가 몸이 자주 아팠다. 그러다보니 보건실을 자주 찾았다. 학교 급식실에서 먹은 점심이 소화불량 증상을 보이는 경우가 많다고 했다. 단지 소화불량이라면 큰 문제는 아니지 않을까? 시험 날짜가 다가오면 소화불량 증상이 더 심해지곤 했다. 기연이의 성적은 최상급은 아니지만 중상위에 속한다. 공부에도 관심이 많다. 그런데 집안 사정을 알고 보니 기연이가 '공부'에 할애할 시간이 턱없이 부족해 보였다. 그런데도 공부 욕심을 부리니까 스트레스성 소화불량이 오는 것 같다고 보건 선생님이 말했다. 기연이가 시험공부 할 책을 들고 보건실에 가서 소화제를 먹고는 도서실에 와서 쓰러져 자는 모습도 자주 본다. 어린 기연이 혼자 힘으로 가정의 평화를 지키기에는 힘에 부쳤다.

기연이는 엄마에겐 '착한 효녀', 오빠에겐 '착한 여동생', 남동생에겐 '든든한 누나'이다. 그런데 막상 기연이 자신은 자아정체성 없이 살고 있었다. 오로지 가족을 위해서 존재하는 아이처럼 되어 심신이 지치고 힘들어 보였다.

'천상천하 유아독존!'이란 말이 있다. 사람은 누구나 세상에서 단 하나뿐인 소중한 존재라는 것을 기연이가 깨달을 수 있게 돕고 싶었다. 나는 기연이에게 자아효능감과 '자존감'을 인식시키기 위해 여러 가지 이야기를 나눴다. 자존감을 키울 수 있는 책들을 추천해주고 읽도록 했다. 책속의 많은 사람들이 고난을 참고 자신의 꿈을 이루지만 세상의 중심은 '나'임을 잊지 않도록 했다.

'학부모 초청의 날'에 기연이 어머니를 만났다. 그동안 기연이의 마음고생을 충분히 알 수 있는 글을 읽어보게 했다. 도서실에서 기연이가 읽고 쓴 독서 노트였다. 물론 기연이는 타고난 근면 성실한 마음으로 남을 위해 봉사를 잘 하는 아이로 점점 발전해가고 있었다. 책 속의 인물인 '성냥팔이 소녀'보다 자신이 더 행복하다고 말하는 기연이다. 그러나 가정환경이 만든 힘든 희생적인 삶이 언제까지 기연이의 존재감을 행복으로 유지시킬지 걱정이 됐다. 기연이 어머니는 이렇게까지 기연이가 자신을 혹사하면서 지내는 줄 꿈에도 몰랐다. 그저 집에서 자기를 잘 도와주는 착한 딸로만 생각했다는 것이다.

그렇지만 이제 기연이가 낮은 자존감으로 힘들어하고 있다는 걸 알았으니 이제 기연이의 '자존감'을 키워주는 데 공조하기로 했다.

참고 버티기만 하지 않아도 된다는 '자아존중감'

어머니는 가정에서 형제의 허물을 감싸준 기연이의 마음을 알게 되어 너무 감사하다는 인사를 해오셨다. 그날 이후 어머니는 기연이가 설거지를 하면 오빠는 세탁기를 돌리고 동생은 청소를 해야 한다고 삼남매의 가사 분담 교육을 명확하게 했다. 부모는 당연히 아이를 키우지만 아이를 키우면서 한편으로 부모 공부를 하면서 성장하기도 한다. 바로 기연이 어머니야말로 '착한 딸' 기연이를 통해서 부모가 가정에 '양성평등'의 원리를 적용시킨 성공적인 사례가 아닐까 싶다. 하루는 기연이가 밝아진 표정과 활기찬 목소리로 가족 자랑을 했다.

"선생님, 우리 집 오빠와 동생이 갑자기 확 변했어요. 요즘은 오빠가 세탁기를 돌리고 동생은 청소를 하고 마루를 닦고 난리예요."

어머니가 기연이의 독서록을 읽었다는 사실은 전혀 눈치 채지 못했다.

또한 당연히 위기에 처한 기연이의 존재감을 높여주자고 나와 어머니가 공조한 사실도 전혀 모르는 것 같았다.

어느덧 2학기가 시작된 지 한 달이 지났다. 기연이는 매우 활기찬 학교생활을 하게 되었다. '양성평등 글짓기' 전국대회에서도 수상했다. 기연이는 지금까지 자신이 겪은 일을 체험수기 형식으로 썼다. 자신의 오빠와 남동생이 언제부터인가 변했고 평등하게 집안일을 분담하면서 자기 집안의 평화를 찾게 된 이야기를 담았다. 기연이가 집안일을 덜어서 시간을 벌게 되어 공부에 전념한 결과, 성적이 껑충 올라 얻은 자신감과 행복감을 신나게 썼다고 말했다.

그 후 기연이는 학교생활에서 활약상이 눈에 띄게 좋아졌다. 기연이는 그 성실성이 급우들에게 감동을 주어 부반장이 되었다. 문제해결력에도 자신감을 지닌 아이로 급우들에게 훌륭한 리더가 된 것이다.

사람은 자기를 소중하게 여기고 존중해야 한다

마냥 착하고 순진한 아이, 기연이는 딸이라는 이유로 집안일을 다 안고 가는 길을 스스로 선택했다. 가족을 위한 희생과 배려는 넘쳤지만 불행히도 기연이의 자존감은 없었다. 집안일에 힘들고 지쳐도 여자아이라서 참고 버텨야 한다는 편견 속에 자존감은 설 땅이 없다. 사람은 자기를 소중하게 여기고 존중해야 함을 배워서 알아야 한다. 그래야만 산다는 것이 진정 행복함을 느낀다. 바로 '자존감'이 충만하기 때문이다.

한 사람의 인생은 그리 길지 않다. 아이가 행복한 삶의 길을 걷도록 부모는 끊임없이 관심을 가져야 한다. 착한아이 콤플렉스로 비틀거리는 아이에게 필요한 처방전은 자존감을 높이는 것이다. 착안아이 콤플렉스가 과하면 삶이 괴롭다. '자존감'이 높은 아이가 행복한 삶을 만들 수 있다.

삶의 무게가 적절해야 인생이 즐겁지 않겠는가? 자기 삶의 무게가 공정하고 적절해야 한다. 삶의 문제를 해결하고 자존감을 키우는 힘도 독서가 답이다. 독서는 아이를 지혜의 숲으로 초대하기 때문이다. 지혜의 숲에서는 아이의 미래를 밝혀줄 자존감이 쑥쑥 자란다. 아이 스스로 자신을 지키는 자아존중감이 무럭무럭 자란다.

자존감 클리닉 13

Q : 아이가 누군가를 위해 희생하거나 기대에 부응하느라 꿈을 향해 당당히 나아가지 못하는 것 같다. 어떻게 도와줄 수 있을까?

A : 꿈이란 무엇인가요? 아주 흔한 질문이지만 그 답은 간단하지가 않다. 모든 사람이 꿈을 가지고 사는 것도 쉽지 않다. 중학생 기연이는 '사회복지사'가 되는 것이 꿈이다. 자영업으로 힘든 엄마를 도와 집안일을 열심히 했다. 어느 날 학교 도서실로 찾아와 책을 읽던 기연이가 "현재 나는 집안일에 짓눌려 노예처럼 살고 있어요."라고 말했다. 오빠는 고등학생 오빠라고, 동생은 남동생이라서 빠지고 집안일은 기연이 차지였다. 그 후 부모님 상담으로 집안일은 삼남매가 분담을 하게 됐다. 기연이는 미래의 꿈을 준비하는 활발한 학생으로 변화했다.

"기연아, 넌 누구를 위해서 살아야 할 이유는 없어. 당당하게 네 꿈을 위해 살면 돼."

08

행동력 :
교훈을 일상에서 실천하게 된다

한 인간의 가치는 그가 무엇을 받을 수 있느냐가 아니라
무엇을 줄 수 있느냐로 판단된다.
– 알버트 아인슈타인(독일의 물리학자)

연주는 왜 공부가 갑자기 싫어졌을까?

16살 연주는 토요일마다 지역사회의 복지회관에서 운영하는 다문화 가정 아이들 대상 프로그램의 선생님이다. 연주는 전교에서 성적으로 상위 1% 안에 드는 학생이다. 피아노 실력도 대단하고 영어대회 수상 경력도 많은 아이다. 나는 연주의 독특한 점을 눈여겨보았다. 수업에서 배운 것 중에서 이해가 안 되는 내용은 "연주에게 물어보면 돼."라고 할 만큼 또래 아이들을 가르치는 일에 탁월한 능력이 있다.

공부뿐만 아니라 사춘기 중학생들의 소소한 고민을 잘 듣고 아이들의

수준에 알맞은 해결책까지 마련해준다는 소문도 들었다. 연주야말로 실력과 인성을 두루 갖춘 바람직한 학생이라고 생각했다. 그런데 어느 날 학부모의 상담 요청 전화를 받았다.

"선생님, 말씀드릴 게 좀 있어요."

"네, 연주 어머니. 편안하게 말씀하세요."

"다름이 아니라 연주가 중3인데 공부에 싫증이 났나 봐요."

"학교에선 여전히 수업 잘 듣고 또래 학습 도우미도 잘하고, 별다른 행동의 변화가 없습니다만…."

"중학생이 되면서 학원 주말반에서 영어와 수학 공부를 계속 해왔는데, 3학년부터는 주말반 학원에 나가지 않았어요. 그리고 성적도 좀 떨어져서 걱정이네요."

"네, 애타는 어머니 마음은 잘 알겠습니다. 제가 연주와 이야기해보고 연락을 드릴게요."

아이가 공부보다 더 행복한 일을 발견하게 하라

연주 어머니가 성적이 떨어지는 것을 걱정하는 것에 비해 연주 자신은 이것이 그리 큰 문제가 아니라고 했다. 주말반 영어, 수학학원 대신에 복지관에 나가서 다문화 가정 아이들에게 국어책을 읽어주고 숙제를 도와주는 자신이 훨씬 더 행복하다고 말했다.

연주가 독서 후 교훈을 일상에 전달하게 된 계기는 다음과 같다. 한국 전쟁과 관련된 독서를 하고 수행평가 보고서를 작성하여 수업시간에 발표했다. 그때 미국을 비롯해 연합군으로 한국 전쟁에 참전한 국가들의 이름을 기억했다. 우연히 인터넷에서 K시 복지회관 봉사활동 안내 공지 사항을 보고 즉시 다문화 공부방 도우미로 신청을 했다. 그 후 연주는 필리핀 엄마의 아이와 베트남 엄마를 둔 아이들의 공부를 도와주게 되었다. 연주는 왠지 우리나라를 도와준 적이 있는 나라의 아이들에게 봉사하면서 오래된 빚을 갚는 기분을 느꼈다고 했다.

우리나라가 위기에 처해 가난했던 시기에 도움을 받았던 나라의 사람들이 우리나라로 이민을 와서 살 만큼 지금 우리는 경제 부국이 되었다. 진정한 부는 이런 정신적인 여유를 가진 '연주' 같은 아이가 있다는 것이다. 연주가 이 시대의 진정한 휴머니스트이며 애국시민이다.

요즘 '어쩌다 어른'이 된 어른이 많다. 그저 내 아이가 오로지 공부만 열심히 해서 유명 대학교를 나와야 성공과 꿈을 이룰 수 있다고 믿는 부모가 많기도 하다. 얼마나 구시대적인 사고방식인가? 자신의 꿈을 찾고 이루는 활동을 위해 아이가 스스로 생각하고 진정한 공부를 하도록 어른들의 인식변화가 시급하다. 아이가 독서를 통해 얻은 교훈을 일상에 전하도록 지지하고 적극 도와주자. 성적이 조금 내려갔다고 오만상 울상이나 짓는 어른이 더 문제다.

아이의 행동을 지지하는 부모가 되자

아이가 스스로 진정한 공부를 할 수 있도록 어른들의 생각부터 변해야한다. 아이의 꿈을 찾고 꿈을 이루려는 과정에 필요한 아이들의 활동을 지켜볼 줄 알아야 한다. 아이를 위한답시고 아이의 재능은 무시한 채 성적만 강요하는 부모가 어디 연주 어머니만 있을까? 빗나간 자식 사랑의 모습은 흔한 현실이다. 성적을 무시할 수 없는 입시 제도를 운영하는 국가에게 가장 근원적인 책임이 있다. 또한 그런 교육 정책 아래 성적 향상을 위한 주입식 교육 중심으로 과열된 경쟁으로 달려가는 학교에도 문제가 있다.

교육 활동의 3주체는 학생, 학교, 학부모지만 국가는 더 근원적인 총체적 역할을 담당한다. 요즘 '21세기 창의융합형 인재양성'을 운운하면서 구호만 외친다. 시대 변화에 늑장 대응하는 우리 교육 환경을 비판하는 사례도 늘고 있다.

21세기는 시대가 바뀌었다. 아직도 일부에선 하루 12시간 이상 교실에서 공부하는 우리의 교육현장에 대해 미래학자 엘빈 토플러는 우려의 목소리를 냈다.

"한국의 학생들이 미래 사회에선 필요하지도 않은 지식을 배우는 데너무 많은 시간을 낭비하고 있다."

물론 우리의 교육현장의 일부분을 보고 한 과언이라고 보는 견해도 있다. 그러나 지식 위주의 암기식 교육이 미래 사회를 충족시키진 못한다는 것이 핵심이다.

　　아이가 독서를 통해 얻은 교훈을 일상에서 펼치도록 지지하고 격려하는 어른이 되어보자. 성적이 내려갔다고 울상 짓는 어른보다 아이의 건전한 생각을 지지하고 격려할 수 있도록 튼튼한 생각 근육을 기르자. 그럴 때 아이의 몸과 마음 근육이 단단하게 자랄 수 있을 것이다. 오직 경쟁만 하고 진정한 배움이 없다면 아이들의 바람직한 성장의 기쁨도 기대할 수 없기 때문이다. 독서에서 깨달은 교훈을 일상에 전하려는 아이를 지지하는 부모가 되자.

자존감 클리닉 14

Q : 아이와 함께 할 시간이 없다. 굳이 부모가 아이와 함께 독서를 해야 하나?

A : 잠자기 전 10분 독서가 좋다. 부모가 아이와 함께 책 읽은 후 의견을 주고받으면 자아존중감이 자란다. 이렇게 형성된 아이의 독서 습관은 배움의 태도를 만든다. 말과 글로 내면을 들여다본다. 아이는 올바른 인격과 양심이 자란다.

2장_독서는 어떻게 아이를 바꾸는가? |

자존감 독서법 멘토링 2

책 읽기가 더 좋은 사람으로 만들어줄 거예요

일본 메이지대학교 교수 사이토 다카시는 저서 『내가 공부하는 이유』에 아래와 같이 썼다.

"여러 가지 불운이 찾아와 삶에 대한 어떤 흥미도 없이 이방인처럼 떠돌던 그 무렵, 나는 지푸라기라도 잡는 심정으로 인생의 역경을 이겨 낸 사람들의 책을 읽기 시작했다. 비슷한 처지의 사람들로부터 위로 받고 싶다는 게 솔직한 심정이었다. 그런데 책 속의 이야기에는 고작 대학 입시에 실패하고 재수하는 것 때문에 너무도 괴로워했던 나 자신이 한심하게 느껴질 만큼 참담한 고통과 실패가 있었고, 그럼에도 불구하고 삶에 대한 열정을 잃지 않았던 사람들을 보며 용기를 배웠다. 나는 책을 읽으면서 서서히 마음의 상처가 치유되는 듯한 기분이 들었다. 더욱 즐겁게 공부하자 공부가 삶의 의지와 기쁨을 되찾아줄 수도 있다는 것을 바로 책 읽기를 통해 깨달았다."

즉 책 읽기의 놀라움을 체험하고 인생이 달라졌다는 것이다. 인생을 살다 보면 어느 누군들 어려움에 부딪치지 않으랴. 사람들은 작은 일 앞에서도 좌절하고 속을 끓이며 괴로워한다.

그 때마다 누군가가 옆에서 위로해주고 토닥여주면 좋겠지만 그런 사람을 만나는 일은 쉽지 않다. 쓰라린 마음을 감싸주며 위로해주고 같은 실수를 하지 않는 지혜를 주는 것도 '독서'라고 하면 과찬일까? 독서는 어려움 속에서도 방황하지 않고 인생의 애로사항을 해결할 수 있는 지혜를 준다. 독서는 등불과 같이 삶의 길을 비춰준다. 어려운 환경 속에서 삶의 역경을 헤쳐 나갈 힘과 용기를 준다.

태양과 땅의 기운을 흠뻑 빨아들이는 숲 속의 나무처럼 성장하고 싶다면 하루 중 단 한 순간이라도 독서하라. 현대인은 종일 책을 읽을 수는 없다. 각자의 형편대로 읽자. 타는 목마름으로 마시는 한 컵의 물처럼 독서하라. 그러면 더 좋은 사람으로 한 뼘 더 자랄 수 있다.

3장

내 아이 자존감을 키우는 자존감 독서법

Self-esteem Reading

01
독서를 방해하는 요소 제거하기

구체적인 목표는 구체적인 결과를 가져온다.
그러나 막연한 계획은 아무런 결과도 가져오지 못한다.
– 강헌구(비전전도사)

아이의 독서 습관은 환경에 좌우된다

'책의 해'라는 슬로건으로 2018년 새해를 열었다. 우리나라는 언제나 독서의 중요성은 매우 강조한다. 그러나 사실상 독서는 많이 하지 않는 나라로 인식되고 있다. 우리 나리와 경제 수준이 비슷한 다른 나라 국민들의 독서 수준과 비교했을 때 우리의 독서율이 매우 낮은 실정이다.

1년 동안 책을 한 권도 안 읽는 사람이 35%나 된다고 한다. 독서하자는 구호를 외치기만 하면 그 중요성의 인식은 올라갈지 몰라도 직접 책 읽기를 실천하지 않으면 도로아미타불이다. 구슬이 서 말이라도 꿰어야 보배다.

그러면 아이가 책을 가까이 하게 하려면 어떤 유익한 방법이 있을까? 아이는 어떤 외부환경에 자극을 받느냐에 따라 체험의 경지가 달라진다. 최소한 아이에게 필요한 독서 환경을 제공해서 어릴 때부터 독서와 친화감을 길러주어야 한다. 그러기 위해 당장 할 수 있는 일은 다음과 같다.

첫째, 아이의 눈에 잘 띄는 곳에 책을 두자.

둘째, 아이의 손에 잘 잡히는 곳에 책을 두자.

셋째, TV는 없앨 수 없다면 아이의 눈에 안 보이는 곳에 두자.

넷째, 아이의 호기심과 상상력을 고려해서 책을 골고루 마련해주자.

다섯째, 부모가 책 읽는 모습을 보여주자.

여섯째, 부모가 아이와 함께 서점 방문의 날을 잡자.

책을 친근하게 느낄 수 있도록 환경을 조성하라

"손이 가요, 손이 가, 아이 손 어른 손, ○○깡!" 우리 주변에서 나오는 흔한 과자 광고 노랫말이다. 책도 마찬가지다. '손이 가요, 손이 가, 아이 손 어른 손, ○○책!'이라는 노랫말이 나올 수 있게 하라. 책꽂이 대신에 책 바구니에 책을 담아두자. 책꽂이의 책도 아이의 손이 닿을 수 있도록 가까이 있어야 한다. 아이의 눈높이에 맞는 독서대와 함께 책을 펼쳐두자. 아이가 책 읽기에 친근한 분위기를 만들기 위해 먼저 우리 집 독서 환경을 점검해봐야 한다.

굳이 '맹모삼천지교'를 말하지 않아도 자라는 아이에게 교육 환경이 매우 중요하다. 어릴 때부터 책을 가까이 하면 아이의 오감을 자극해서 지능이 골고루 성장한다. 우선 아이가 책을 만질 때 종이가 주는 냄새와 손에 닿는 촉감을 간과할 수 없다. 글을 읽지 못하는 아이일지라도 후각과 촉각이 자극을 받는다. 부모가 책장을 넘기며 들려주는 이야기를 들으며 자란 아이는 무한 상상과 행복의 세계로 뻗어나간다. 부모와 아이가 책 읽기를 통해 소통하고 교감하는 순간이다. 아이와 부모를 연결하는 매개체로써 독서가 징검다리 역할을 하기 때문이다. 그럴 때 부모의 심장 소리와 목소리를 기억하며 아이는 가족애를 깊이 느낀다. 부모라는 든든한 존재에 대한 신뢰감을 가질 것이다. 부모가 책을 읽어주면서 아이를 잠재우는 것만 봐도 아이의 내적 평화를 알 수 있다.

요즘 아이들은 출생 후 가장 먼저 만지는 것이 부모의 휴대폰이라고 한다. 아이의 첫 경험치고는 그닥 좋지 않다. 기계의 딱딱하고 차가운 느낌이 뭐 그리 좋겠는가? 아이에게는 마찬가지로 화려한 빛이 뿜뿜 터지는 오락기의 기계음이나 TV소리는 한낱 소음 공해일 뿐이다. 지나친 화려함은 아이를 현란한 시청각의 세계로 안내한다. 그것은 마치 화학조미료가 첨가된 음식을 아이가 다량으로 섭취하는 것과 같다. 잘 알다시피 어릴 때 아이의 경험의 세계가 미치는 영향은 평생 가기 때문에 부모의 특별한 선택이 당연히 필요하다.

책을 아이의 장난감으로 만들어줘라

아이에게 책을 장난감이 되게 해보라. 아이가 어릴 때 손으로 만지작거린 책에 대한 기억은 잠재력에 저장되어 아이의 자산이 된다. 아이가 먹는 음식이 아이의 건강을 지켜주듯이 아이의 정신건강을 위한 독서 환경에 신경을 써야 한다.

책을 거실이나 책꽂이에 진열하고 장식용으로 삼지 말자. 아이가 장난감처럼 갖고 놀게 해야 한다. 책을 가까이에 두고 아이가 책을 만만하게 대하도록 해줘야 한다. 책이 망가지더라도 아이가 갖고 놀게 해야 한다. 아이의 수준에 맞는 책을 골라서 아이의 시선을 끌어야 한다. 아이가 호감을 갖지 않는 책은 책꽂이에 둘 필요는 없다. 그것은 책이 아니라 장식품에 지나지 않는다.

나는 내 아이의 독서 습관을 위해서 집에서 TV 멀리하기와 책 읽는 특정 공간을 만들어주었다. 호기심이 많은 아이들은 싫증이 빠른 편이다. 책도 마찬가지다. 아이가 며칠 동안 갖고 놀았던 책은 거들떠보지 않으려고 한다. 그때마다 새로운 책을 마련해서 아이 눈에 잘 띄는 곳에 두면 아이는 귀신같이 새 책을 알아본다. 아이의 무한한 호기심을 충족시키려면 부모는 사냥감을 좇는 사냥꾼처럼 아이를 세심하게 따라가야 한다.

독서 습관이 자리잡을 수 있도록 부모가 신경써라

언젠가 날씨가 한창 더울 때였다. 가정용 에어컨을 사려던 돈으로 책을 사다가 아이 방을 가득 채웠다. 비록 에어컨 대신 새 선풍기를 샀지만 그해 여름은 시원했다. 아이들의 호기심이 왕성하게 자라는 것을 바라보는 부모가 되는 것도 신바람 나는 일이다. 끊임없이 아이의 호기심을 자극하고 계발시키는 일에 동참할 때 부모는 진정한 교육자가 된다. 부모도 아이와 함께 성장한다. 물론 한 번 본 책은 따로 보관해두었다가 아이가 그 책을 잊을 만할 때 다시 읽도록 꺼내준다.

그때 아이는 읽은 책의 내용을 기억하기도 하고 잊은 것은 다시 읽으며 스스로 즐겁게 독서한다. 이럴 때 아이는 자기주도적 학습 능력이 발전하고 자존감이 자란다. 아이가 좋아하는 책을 반복하며 읽는 과정에서 문장을 암기하기도 한다.

독서를 통해 어휘력과 문장력이 덤으로 발전하는 것을 볼 수 있다. 아이가 독서 후 달라진 활동으로 집에서는 동생에게, 학교에서는 친구들에게 읽은 내용을 이야기할 때 표현력이 부쩍 좋아진다. 스토리텔링을 통한 의사소통 능력 역시 향상된다. 이처럼 독서는 지식과 인간관계 확장이라는 2마리 토끼를 한 손에 거머쥘 수 있다. 한마디로 독서는 일거양득이며 일석이조다. 공부와 인성이 다 좋아지고, 성격도 밝아지고 활동력도 발전한다.

모유나 첫 이유식이 아이의 뇌 속에 저장되듯이 독서도 마찬가지다. 독서는 아이가 평생 가지고 갈 정신적 자양분이기 때문에 부모의 탁월한 선택과 관심이 필요하다. 아이의 내면이 책이라는 양분을 먹고 자랄 수 있도록 환경을 조성해줘야 한다. 양분을 빨아들일 수 있도록 가까이 두고, 양분을 흡수하는 데 방해가 되는 잡초나 벌레를 치워줘라.

자존감 클리닉 15

Q : '구체적인 목표일수록 구체적인 결과를 가져다준다'는 말이 있다. 독서
활동에도 적용할 수 있을까?

A : 무작정 되는 대로 읽는 것보다 꿈 목록과 관련 있는 독서 프로젝트를
세워라! 그럴 때 독서 효과는 배가 된다.

독서는 넓은 지식과 인간관계 확장이라는 2마리 토끼를 한 손에 거머쥘
수 있다. 아이의 호기심을 자극하고 계발시키는 일에 동참할 때 부모는
진정한 교육자가 된다. 부모도 아이와 함께 성장한다. 아이의 무한한 호
기심을 충족시키려면 부모는 사냥감을 쫓는 사냥꾼처럼 아이를 세심하
게 따라가야 한다.

부모가 책 읽는 모습 보여주기

만일 네 자신을 변화시키고 싶다면, 네 꿈의 크기를 바꾸는 일부터 시작하라.
―로버트 기요사키(미국의 저술가)

내면의 성장이 눈에 띄는 수진이의 특별한 습관

매해 3월, 이른 봄과 함께 찾아오는 입학식. 1318 청소년기의 문턱에 들어선 중고등학생들이 새내기로 입학한다. 중학교 입학식을 한 아이들이지만 아직 앳된 모습이다. 아이들은 새로운 환경에 적응을 하는 데 시간이 필요한 듯 이동 교실을 찾아갈 때도 건물 안에서 이리저리 헤맨다. 수업시간마다 선생님이 바뀌는 것도 익숙하지 않아서 아이들은 놀란 토끼 눈으로 앉아 있다.

이렇게 3월이면 좌충우돌 새내기 아이들과의 새 학기가 시작되곤 한다. 신체적 성장 속도가 무척 빠른 일부 아이들이 눈에 띈다. 한눈에 알 수 있다. 그런데 내면의 성장은 유심히 지켜봐야만 알아볼 수 있다.

강수진은 우리 반 학급서기가 된 학생이다. 나는 자기소개서의 글씨체를 보고 수진이를 학급 서기로 임명했다. 학급 일지를 쓰게 된 수진이는 종례 후 나와 매일 만나게 됐다. 그 바람에 미운 정 고운 정이 들어서인지 졸업한 후에도 생생하게 떠오르는 제자다. 강수진은 발레리나 강수진과 동명이인이라 이름도 잊히지 않는다. 수진이는 글씨를 또박또박 반듯하게 쓰지만 자세도 발레리나 같이 꼿꼿하게 걸었다.

아이들은 서울에서 전학 온 수진이를 좋아했다. 용모가 단정하고 예의 바른 수진이에게 아이들은 친절했다. 수업시간에는 서울 말씨로 맵시 있게 발표를 잘했다. 하루 일과를 정리한 학급일지를 들고 교무실로 오던 예의 바른 수진이는 다른 반 선생님들의 칭찬도 많이 받았다. 그런 수진이가 도서실 책을 많이 빌려 간다는 소리를 들었고 나는 교실에서도 수진이가 책 읽는 모습을 자주 보게 됐다. 교실과 복도 주변 환경이 아무리 시끌벅적해도 수진이는 책 읽기에 몰두하는 재주가 있었다. 나는 수진이가 독서 습관이 몸에 밴 아이라는 것을 알 수 있었다. 중학교 1학년인데 또래 아이들보다 몸과 마음이 성숙하고 반듯하게 자란 아이였다.

가족 관계를 보니 수진이는 서울 출생으로 어머니의 직업은 초등학교 교사라고 적혀 있었다. 지금은 시골로 내려와 외가에서 살게 되어 우리

학교에 입학을 했다. 수진이의 장래 희망은 아나운서가 되는 것이었다. 어릴 때부터 독서 습관을 제대로 갖춘 아이라 장래 희망인 아나운서가 되는 데도 큰 도움이 될 것 같아서 꾸준히 독서를 하도록 권유했다.

돌아가신 어머니의 독서 습관을 그대로 물려받다

수진이는 학급일지를 내 자리에 두러 왔다가도 도서정리를 하는 나를 말없이 도와주는 속 깊은 아이였다. 수진이는 교내 문예대회에서도 입상하여 많은 상을 휩쓸었다. 아이들은 수진이를 서울아이라고 부르면서 잘 어울렸다. 아이들은 수진이를 모든 것을 다 가진 아이라면서 부러워했다. 수진이는 다재다능해서 아이들의 부러움을 받을 만도 했다.

수진이가 우리 학교에서 잘나가는 모범학생으로 중3을 마칠 무렵에 수진이 외할머니께서 학교에 오셨다. 서울로 다시 전학을 보내기로 했다는 말씀과 수진이 어머니 얘기를 들려주셨다. 3년 전에 수진이 어머니는 지병으로 돌아가셨고 얼마 지나지 않아 수진이 아빠는 재혼을 했다는 것이다. 수진이는 쌍둥이 남매였다. 오빠와 수진이는 도저히 아빠와 재혼한 새어머니를 받아들일 수가 없어서 그동안 외가로 와서 살게 되었다는 것이다.

나는 그 순간 수진이의 수상한 행동들이 파노라마처럼 스쳤다. 1학년 때 담임을 했지만 3년간 유난히 내 주변을 서성이는 것 같았던 수진이였다. 매일 도서실에서 내 일손을 도와주던 수진이를 '책 읽기 좋아하는 독서광이라서 그렇겠지.'라고만 생각했다. 그동안 수진이가 내게 친근하고 살갑게 행동한 이유를 이젠 모두 이해할 수 있게 되었다.

수진이가 날마다 도서실을 찾은 것은 책 읽기를 좋아하는 이유도 있었지만 초등교사인 어머니의 빈자리가 더 그리웠기 때문일 것이다. 내 옆에서 나의 일손을 도와준 것도 어머니의 빈자리를 채우려는 힘든 몸짓이었을지도 모른다. 벌써 이 세상에 없는 엄마를 서울에서 초등학교 교사로 살고 있다고 내게 소개했다. 엄마와 어릴 때 책 읽기를 같이 했던 생각을 하며 틈나면 혼자라도 책을 읽는다고 했다. 나는 수진이의 말을 그대로 믿었다. 수진이는 어머니가 돌아가신 사실을 머리로는 알고 있지만 마음은 아직도 어머니가 살아계신다고 믿고 싶었던 것이다. 내가 수진이에게 엄마의 빈자리를 채워줄 수는 없었지만, 우리가 함께한 시간들은 아주 유익하고 행복했다.

"갑자기 우리 남매 곁을 떠난 엄마를 잊지 못하고 있는데 서둘러 아빠가 재혼을 해서 싫었어요. 그래서 오빠와 내가 외할머니 집으로 가서 살기로 했고 전학 와서 선생님을 만나게 되었죠. 다행히 엄마 같은 선생님을 학교에서 매일 볼 수 있어서 학교 가기가 싫지 않았구요, 선생님과 도서실에서 책을 정리하고 책을 빌려 볼 수 있어서 정말 좋았어요. 선생님이 읽어보라고 책을 추천해주실 때마다 저는 엄마가 내 곁에 계신다고 생각하고 책을 읽었어요. 내가 책을 읽으면 엄마가 기뻐할 것 같아서 열

심히 읽었어요. 하늘나라에서 엄마도 내 마음을 알고 있겠죠. 새어머니
랑 재혼을 한 아빠가 싫었고 우리만 남기고 간 엄마도 미운 생각으로 가
득 차 있었죠. 그런 이유로 삐뚤어지려는 저를 지금처럼 잘 잡아주신 선
생님, 크신 은혜를 잊지 않고 잘 크겠습니다. 제가 꼭 아나운서가 되어
TV에 나올게요. 선생님 저를 잊지 마세요."

그렇게 수진이는 중학교 졸업식 날 손편지를 남기고 서울에 있는 고등
학교로 갔다.

아이 스스로 일어설 수 있는 힘을 길러준 독서 습관

감수성이 예민한 시기에 갑자기 어머니를 잃은 수진이었지만 누가 봐
도 아주 반듯하게 생활했다. 그 밑바탕에는 부모가 어릴 때부터 심어준
독서 습관이 가장 큰 힘이 되었다. 독서는 수진이가 홀로서기를 할 수 있
었던 원동력이었다. 만약에 수진이가 책 한 권 읽을 생각조차 하지 않는
아이였더라면 3년 동안 도서실에서 나를 만나지 못했을 것이다. 생각해
보라! 아이가 감당하기 힘든 외로움을 책이나 사람이 곁에서 위로가 되
어준다면 얼마나 다행스러운 일인가? 수진이는 독서하는 사람은 스스로
일어설 힘을 얻는다는 진리의 산증인이 된 셈이다.

어릴 때에 부모를 잃으면 아이는 엄청난 충격을 받는다. 하늘이 무너

지고 땅이 꺼지는 슬픔이다. 그런데 수진이는 쓰러지지 않았고 자신의 꿈을 향해 오뚝이처럼 우뚝 일어섰다. 그런 마음 근육을 단단히 길러준 건 꾸준한 독서의 힘이다. 그것은 수진이의 부모가 심어준 독서 습관과 나의 독서코칭이 낳은 튼실한 열매다.

부모가 길러주는 독서 습관이 아이에겐 가장 훌륭한 독서코칭이다. 나는 자칫하면 비행 청소년으로 빠질 수 있었던 가정환경에도 불구하고 수진이가 시련과 역경을 극복해낼 수 있었던 힘은 부모가 심어준 독서 습관의 힘이었다고 확신한다.

부조리한 삶 속에서 살다가 미치고 싶을 때 읽는 책이 삶의 자양분이 되고 단단한 자존감으로 자라서 자아를 완성하는 힘이 된다. 그럴 때 아이의 꿈과 자존감이 자란다. 수진이는 반듯하게 잘 자란 아이다. 자신의 꿈을 향해 당당하게 걸어갈 것이다. 아이의 자존감을 높이는 독서는 부모가 먼저 책 읽는 모습을 보여주는 것이다. 수진이 어머니처럼.

자존감 클리닉 16

Q : 성공한 사람들의 독서관을 아이에게 전달하고 싶다. 강요하지 않고 어떻게 할 수 있을까?

A : 성공한 사람들의 꿈을 찾아보는 꿈 목록을 만들어라. 아이의 꿈 목록을 독서노트에 써라. 아이의 꿈 목록을 기초로 독서리스트를 만들어라. 하루 1시간이라도 아이와 함께 책 읽고 대화하라. 책 읽고 의견을 주고받으며 자연스럽게 의사소통을 나눠라. 그럴 때 아이의 자존감이 몰라보게 자란다.

03
아이가 스스로 책 고르게 하기

"내가 마음먹은 날, 무슨 일이든 이미 절반은 이루어진 것입니다."
– 에이브러햄 링컨(미국의 제16대 대통령)

독서는 어른보다 아이에게 더 큰 힘을 발휘한다

나는 지난 해 하반기 동안 독서 계획 100권을 세우고 완독했다. 보통 1
년을 52주로 잡고 3~4일에 1권, 1주일에 2권씩 읽으면 1년 동안에 100권
책 읽기가 완성된다. 나는 예전에 읽었던 책들이 포함된 덕분에 빠르게
읽을 수 있었다. '독서100플랜' 기간에 내 주식은 책을 보면서 먹기 쉬운
김밥이다. 한 6개월 동안 평생 먹을 김밥을 다 먹은 것 같다. 비빔밥도 독
서 시간 절약형 식사가 된다.

이처럼 독서활동은 독자가 마음먹기에 달렸다. 도저히 못 할 것 같은

상황일지라도 독자가 선택하기에 달렸다. 남들이 뭐래도 "나는 독서왕이다."라고 선포해보라. 3~4일 동안에 1권씩 책을 읽다 보면 모든 일이 그렇듯이 독서도 가속도가 붙기 마련이다. 처음부터 내용이 어렵고 부피가 두꺼운 책을 잡는 일만 없으면 시작이 반이다. 1년 동안에 100권 독서하기는 쉽게 달성할 수 있다. 먼저 나만의 독서 목록을 세우는 것부터 해보자. 그래야만 독서100플랜 도중에 외부 상황에도 휘둘리지 않고 목표를 향해 묵묵히 나아갈 수 있다. 내가 했으니 당신도 할 수 있다.

나의 100권 플랜 독서 장정을 완주하고 황금 열쇠를 손에 거머쥐는 행운이 찾아왔다. 독서 대장정을 완주한 축하와 저서 집필을 격려하는 가족들이 준 선물이었다. 이 일로 말미암아 높아진 자존감으로 글쓰기가 마냥 행복했다. 내가 꿈을 이루고 싶어했을 뿐인데 가족들의 격려와 칭찬이 산전수전 다 겪은 어른도 아주 행복하게 만들었다. 나 자신도 믿기 힘든 에너지가 넘쳤고 10년은 젊어진 듯 했다. 하물며 1318세대 아이들은 어떻겠는가? 자존감이 높아질 때 말할 수 없이 행복할 것이다.

독서가 인생의 축이 된다면 아이든 어른이든 후회하는 인생은 절대 없다. 내가 학교에서 책 읽는 아이들과 국어 선생으로 살아온 30년 세월이 헛되지 않았던 이유가 여기에 있다. 마음의 상처로 자존감이 무너지는 1318세대들이 위기의 순간에도 뿌리가 흔들리지 않는 내공을 키우는 법은 바로 '독서'였다. 아이들은 작은 파도에도 갈기가 찢기는 물새처럼 하루에도 여러 번 마음 상처를 받고 한숨짓는다. 나는 그럴 때마다 아이들이 내면을 키우는 법과 마음 치유법을 알기 바라서 책 읽기를 권한다.

"『꽃들에게 희망을』을 읽는다면 너에게 큰 위로가 될 거야."

말로는 치유되지 않는 큰 상처를 받은 아이도 차분히 앉아서 잠깐이라도 책을 읽으면 신통방통 치유의 효과를 본다. 아이들의 마음 상처는 독서를 통한 깨달음의 치유가 될 수도 있고 자아성찰의 시간을 가지면서 스스로 승화작용Self-Clean up으로 마음 상처가 치유되곤 했다.

폭언에 상처받은 주미의 마음을 어루만져준 독서

아이들의 마음은 죽순 속살처럼 여리고 보드랍다. 무심코 던진 부모의 막말 한마디에도 아이는 온종일 마음이 먹구름 낀 하늘이 된다. 그럴 때 아이의 마음은 소나기 내리기 직전 하늘과 같다. 주미는 부모의 험한 말버릇 때문에 날마다 마음의 상처가 깊은 아이다.

"제게도 선생님 같은 엄마가 있었으면 좋겠어요."
"그래? 오늘부터 내가 네 큰엄마가 되어줄게."

일상적으로 폭언을 쓰는 부모를 한 번 만나봐야겠다는 생각을 하면서 우선 내가 할 수 있는 일부터 찾아보니 주미의 무너진 자존감을 일으켜 세우는 일이 무엇보다 급했다. 상담 중에 가정의 상황을 듣다 보면 어른인 내가 부끄러워질 때가 많았다. 무엇보다도 부모가 권하는 도서를 주미가 읽지 않을 때 폭언을 하는 경우가 많았다. 아이의 미래를 위한 독서교육을 한다는 핑계로 폭언을 일삼는 폭군 아버지와 방관하는 어머니다. 종합적으로 언어 사용에 문제를 지닌 어른들이다. 같은 말이라도 '아' 다르고 '어' 다른 건 분명하다. 그렇지만 주미의 아버지를 당장 만나 그 험한 말버릇을 고쳐줄 수도 없는 노릇이다. 아이 문제의 원인 제공자가 나의 통제권 밖에 있는 어른이라서 문제해결이 더 어려웠다.

우선 부모의 폭언으로 우울감을 호소하는 주미의 이야기를 경청하고 재미있는 이야기로 웃겨주는 일이 나의 역할이었다. 울고 싶은 아이를 웃도록 만드는 것은 역설적인 발상이다. 세상에는 다양한 사람이 있고 욕쟁이 할머니도 있다는 식으로 설레발을 친다. 하필이면 왜 저런 사람이 내 아버지인가 싶은 생각에 가출하고 싶은 마음도 들었지만 아버지의 좋은 점도 있단다. 종교적 믿음이 돈독하고 불우이웃돕기 봉사활동을 자주 가신다고 했다. '피는 물보다 진하다'더니! 험한 욕쟁이지만 아버지의 좋은 점을 자랑하는 착한 아이에게 마음의 상처를 심어주는 어른은 되지 말아야 하지 않겠는가?

"주미야, 자주 우울하고 많이 속상하지? 아버지가 그러신 것은 네 잘못이 아니야. 주미야, 정말 힘들지? 그냥 학교에 일찍 와. 그리고 도서실에서 네가 읽고 싶은 책을 골라서 읽어도 좋아."

주미는 도서관에 자주 왔다. 아무래도 울적한 기분으로 아이들과 어울리는 것도 무리인 듯 조용한 도서관에 거의 매일 왔다. 점심시간에 도서관에서 책 읽고 얘기를 좀 하다가 교실로 가곤 했다. 어느 날 주미로부터 아버지가 다른 도시로 파견 근무를 나가시게 되었다는 소식을 듣고 기뻤다. 아이의 수준이나 관심사와 동떨어진 독서를 강요하는 일도 줄어들 희망이 보였다. 아버지의 장거리 통근으로 주미가 집에서 이유 없이 당하는 폭언의 피해를 줄일 수 있게 되었기 때문이다.

아이를 그대로 인정하면 독서도 쉽다

아이의 기질과 인격을 존중하는 것이 아이와 어른의 관계 유지에 큰 도움을 준다. 아이들은 부모나 어른들이 대응하는 방법에 따라 태도가 달라진다. 부모가 아이를 존중하고 다정한 마음으로 대할 때, 아이들은 제대로 자란다. 감수성이 예민할 시기의 아이에게는 부모가 권위적으로 명령할 때보다 부드럽고 온유한 언행을 할 때 훨씬 더 큰 행동 변화를 가져올 수 있다. 이것은 내가 30여 년 동안 학교에서 체험한 결과로 확신한다. 주미의 부모처럼 강하게 아이를 다룬다면 그 부작용이 매우 크다. 아이 훈육을 잘하고 싶다면 한 달에 한 번이라도 아이와 함께 책 읽는 부모가 돼라. 책 읽은 내용에 대해 아이와 소통을 하면 아이와 유연한 관계도 자연적으로 형성된다.

아이와 함께 독서하는 것도 마음먹기에 달렸다. 거창한 구호만 외치고 위엄을 부리는 부모는 자녀와 소통하기가 어렵다. 권위를 부리는 부모보다 아이와 소통하는 부모가 되라. 당장이라도 부모와 아이가 독서하는 작은 실천이 소통의 지름길이다. 그 원동력은 사랑의 힘이다. 참사랑은 온유하고, 넓고, 깊다.

자존감 클리닉 17

Q : 1주일에 1권씩 아이에게 책을 추천해주고 있다. 그런데 아이는 부담스러워하는 것 같다. 모두 좋은 책들인데, 어떻게 할까?

A : 아버지가 청소년 지도를 하는 주미라는 학생이 있었다.

"주미야, 답답하고 속상하지? 아버지가 그러신 것은 네 잘못이 아니야. 아빠의 추천도서를 갖고 학교에 일찍 와. 도서실에서 나와 함께 그 책을 읽고 네가 읽고 싶은 책을 읽어도 좋아."

나는 주미에게 함께 읽자고 제안했다. 우리는 함께 읽고 발췌 문장을 써서 독후노트에 썼다.

아무리 좋은 책들이라도 아이가 힘들어 한다면 먼저 대화를 나누고 함께 책을 읽는 시간을 가져보는 것은 어떨까?

04
꿈과 관련된 책 읽게 하기

10년 뒤에 내가 무엇이 되어 있을까를 지금 항상 생각하라.
– 정호승(한국의 시인)

한글을 척척 읽고 호기심 많은 아이는 무엇이 다를까?

나는 인구 10만 명이 채 안 되는 소도시에서 세 아이를 키웠다. 중학교 교사로 살면서 세 아이를 맡길 곳을 부모님 댁으로 선택했기 때문이다. 지금처럼 보육시설이 흔한 시대가 아니었다. 워킹맘을 위한 사회적 배려나 혜택은 꿈도 꾸지 못할 때다. 그저 그냥 육아가 힘들면 사직서를 내던 시절이었다.

문제는 아이가 문화적 혜택을 누릴 여건이 못 된다는 것이었다. 아이가 위험한 환경에 노출되지 않는다는 정도에서 만족해야 했다. 조부모님의 취미인 TV시청이 아이에게 그대로 적용됐다. 아이가 온종일 TV소리에 노출될 수밖에 없었다. 조용한 곳에서만 잠들던 아이가 이젠 TV소리를 자장가 삼아 잘도 갔다. 그런 아이를 보고 순둥이가 되었다고 할머니는 좋아하셨다. 아이가 자라면서 TV에서 배운 말을 앵무새처럼 잘 흉내내서 아이는 우리를 웃기는 코미디언이 다 됐다.

다행히 내가 틈만 나면 읽어주는 이야기책을 아이가 자꾸 읽어달라고 조르기도 했다. 글자를 읽지 못하니 자꾸 읽어달라는 것이다. 처음엔 그게 좋았다. 그러나 직장 일에 지쳐버린 내가 아이에게 책을 읽고 또 읽어주는 일이 쉽지 않았다. 나도 힘에 부치기 시작했다. 나는 책을 한 권씩 읽고 카세트테이프에 녹음을 해놓고 일터로 나갔다. 아이는 할머니가 틀어주는 녹음테이프를 들으며 놀았다. 무한반복으로 들려주는 내 목소리였다. 안방에서는 할머니께서 TV드라마를 보시고 아이는 거실에서 녹음기를 통해 책 읽는 소리를 들었다. 물론 내 목소리를 들으며 아이는 낮잠을 자곤 했다. 이것이 내가 아이에게 한 최초의 독서코칭이다.
아이는 글씨를 모르지만 녹음기에서 무한반복으로 들은 내 목소리를 기억했다. 마치 책을 읽기라도 하듯이 들은 이야기를 흉내 냈다. 아이는 녹음기로 독서 체험을 하면서 잠이 들곤 했다.

늦겨울에 태어난 아이라서 네 번째 돌이 지났지만 또래 아이보다 작았다. 나는 결심했다. 내 아이에게 한글을 가르치기로 마음먹었다. 그 무렵

시골에는 학습지 대리점조차 없었다. 나는 매주 한 번씩 인근 대도시로 나가서 1주일 분량의 학습지를 구해서 집으로 왔다. 택배 문화도 없었다. 소포로 부치면 시간이 걸리곤 했다. 그래서 내가 직접 가서 학습 교재를 가져왔다. 나는 아이와 한글 공부를 꾸준히 했다. 부모는 처음인지라 마음은 급한데 생각대로 아이의 실력은 늘지 않았다. 아직 너무 어려서 글자를 잘 찾지 못한다고 생각했다. 계속 반복해 한글 공부를 하면서 기다릴 수밖에 없었다.

어느 날 기관지염으로 자주 가던 병원 앞 약국에서 나는 기적을 보았다. 내 아이가 큰 소리로 읽은 글자는 '약'이다. 손가락으로 가리키며 분명히 아이가 "약." 하고 읽었다. 그날의 충격을 평생 잊지 못한다. 아, 드디어 아이가 글자를 읽게 되었다. 1년 동안 우리가 들인 노력이 빛나는 성과로 나타난 순간이었다. 그날 이후 나는 매일 기적을 보았다. 약국에서 '약' 글자를 읽고 빵집에서 '빵' 글자를 읽고 꽃집에서는 '꽃'이라는 글자를 읽었다. 아이의 눈에 들어오는 길거리 간판의 글자들은 아이의 한글학교나 다름없었다. 아이의 눈에 길거리의 간판들은 신세계였다.

그림책에서도 동물의 이름을 척척 읽어냈다. 나는 아이가 읽을 만한 몇 권의 책을 준비해두고 일터로 나갔다. '책은 반복해서 읽고 또 읽어라.'는 성현 이이의 말씀이 생각났다. 몇 권의 책을 계속해서 읽도록 고정해뒀다. 아이는 그림책에 나오는 단어를 읽기 시작하자 곧 문장을 외기 시작했다. 모든 아이는 천재로 태어난다는 말이 맞았다. 1년 동안의 한글 공부의 결과가 스스로 책 읽는 아이로 탄생했다. 나는 퇴근 후 할 일이 하나 줄어서 좋았다. 자꾸만 책을 읽어달라던 아이가 스스로 책을 읽게 되었기 때문이다. 그런데 이번엔 자기가 읽는 책 이야기를 들어달라고 졸라댔다. 이래저래 퇴근 후 아이와 함께 보낼 수밖에 없기는 마찬가지였지만 기쁨은 2배가 되었다.

아이는 스스로 책 읽기를 좋아했다. 할머니께도 책을 읽어주면서 자기 이야기를 들어달라고 졸랐다. 할머니는 TV시청을 못해서 난감해하시면서도 책 읽어주는 손녀를 자랑스러워 하셨다.

유난히 한글을 일찍 깨친 아이는 유치원에서도 인기가 높았다. 책 읽어주는 아이로 소문이 났다. 아이는 5세 반 유아들에게 그림책을 읽어주는 언니가 되었고 유치원 선생님들에게도 인기가 많았다. 동생들 반에서 책을 읽어주는 봉사활동 때문이었다.

독서는 생존 전략이자 꿈을 만드는 수단이다

우리가 살던 무렵에는 변변한 학원가도 없었다. 책을 읽고 얻을 수 있는 지식도 만만치 않았다. 오직 책을 사서 읽고 또 사서 읽었다. 아이는 똑똑한 아이로 잘 자랐다. 사교육이나 학원에 다니지 않았지만 스스로 읽고 풀면서 공부를 잘했다. 꾸준한 독서의 힘을 보았다. 아이의 성적은 외부의 큰 도움 없이도 상위권을 유지했다. 중학교 3학년 때 고입대비반으로 다니던 학원에서 등록금을 돌려받은 적이 있었다. 학원장이 주는 장학금이라고 했다. 아이는 자기주도적인 학습으로 상위권을 유지했다.

독서는 지식을 확장시키고 문해력을 성장시킨다. 글을 읽고 제대로 글의 내용을 해독할 수 있다면 공부할 때 그만큼 유리한 입지에 선다. 제대로 독서 습관을 가진 대부분 아이들이 공부할 때 뒤처지지 않는 이유다. 그만큼 문해력은 모든 공부의 기본이 된다.

내 아이는 자기가 원하던 수리통계학 전공으로 국립대를 졸업했다. 내로라하는 컴퓨터 박사들이 수두룩한 회사에 입사해서 5년차 직장인으로 살고 있다. 회사의 독서경영의 일환으로 자기계발 독서 프로젝트 이벤트에서도 빛나는 수상 경력이 있다. 우리 가문의 책 읽기 능력이 분명히 대물림된 현상이다.

예전에는 사람들이 자기소개서 취미란에 '독서'라고 썼다. 독서가 취미라는 말이다. 요즘은 독서가 단순한 취미가 아니라 생존을 위한 전략으로 지위가 상승됐다. 외부 강연가를 초청해서 독서 열풍을 일으켜 독서 공모전을 펼치고 독서 능력을 향상시키려는 뜨거운 바람이 불고 있다. 회사의 CEO들도 자신이 독서광임을 홍보하고 독서경영 방침을 공개적으로 선포한다. 즉 생존전략으로 자리매김했다. 내로라하는 중견기업에서도 사원들의 자기계발을 위한 독서를 회사 경영에 포함시키고 있는 것이 대세다.

컴퓨터와 부의 황제 빌 게이츠를 만든 독서 습관

책 읽기의 중요성은 예나 지금이나 다르지 않다. 컴퓨터와 부의 황제로 등극한 빌 게이츠는 컴퓨터가 결코 책을 대신하지 못할 것이라고 말했다. 워싱턴에 위치한 빌 게이츠 저택의 개인 도서관에는 1만 권이 넘는 책으로 채워져 있다.

이것만 보아도 빌 게이츠가 얼마나 독서와 책을 사랑하는가를 알 수 있다. 그는 오늘의 자신을 있게 한 것은 어린 시절부터 책을 가까이 하는 독서 환경과 습관을 길러 준 부모님의 힘이라고 말한다. 틈만 나면 온 가족이 함께 책을 읽고 서로 대화를 한 덕분이라고 한다. 부모님의 독서도 한 몫을 했다. 물론 지금도 계속되고 있는 빌 게이츠의 왕성한 독서 습관은 세계적으로 널리 회자되고 있다.

고기도 먹어본 사람이 더 잘 먹는다는 말처럼 책 읽기도 경험이다. 경험이 쌓여 몸에 배면 습관이 된다. 만약 책을 읽지 않을 때 기분이 이상하면 습관이 되었다는 증거다. 하루도 운동을 안 하면 찜찜하다면 운동습관이 몸에 밴 증거다. 마찬가지다. 좋은 습관을 하나씩 몸에 지니고 살면 좋지 않을까. 그중 평생 함께할 친구이며 위대한 스승인 독서 습관을 내 몸에 장착하고 살면 좋겠다. 일단 무조건 매일 책을 읽자.

시대의 변화가 매우 빠르다. 시대 변화에 발 빠르게 대처하지 못하면 언제든지 성공이 실패로 바뀔 수 있다. 전자는 영원한 승리는 없다는 것이고 후자는 승리는 영원하지 않다는 의미다.

여기에 어울리는 장자의 우화가 있다.

장자가 밤나무 밭에서 나무에 앉아 있는 까치 한 마리를 발견한다. 장자가 까치에게 돌을 던지려는데 까치는 자기가 위험에 빠진 줄도 모르고 나뭇가지에 앉아 있는 사마귀 한 마리를 노려보며 군침을 흘리고 있다. 또한 사마귀는 뒤에서 자신을 잡아먹으려고 까치가 노려보고 있는 줄은 꿈에도 모르고 두 손을 뻗쳐 매미를 잡으려는 데 정신이 빠져 있다. 매미는 나무 그늘 아래서 이 모든 사실을 까마득히 모르고 여유만만 노래를 부르며 쉬고 있었다. 이 순간 장자는 세상 모든 것에는 진정한 승리자가 없다는 것을 깨닫고 손에 잡은 돌을 내려놓았다. 그런 장자를 보고 알밤을 훔치려는 도둑인 줄 알고 밤나무 밭 주인이 장자에게 심한 욕을 퍼부었으니 장자 역시 최후의 승자는 아니었다는 이야기다.

이처럼 사람들은 서로 맞물려 있으면서도 각자 자신이 영원한 승리자인 줄 착각하고 산다. 승리에 도취되어 넋 놓고 있다가 언젠가 패배가 등 뒤에서 웃고 있음을 알게 된다. 그래서 오늘날에는 유연함과 겸손함으로 끊임없이 독서하는 습관을 들임으로써 생각을 변화시키는 자기계발을 해야만 진정한 승자가 될 수 있다.

요즘 중견기업에서 독서경영의 바람이 거세다. 회사원들끼리 독서모임 활동을 권장하고 독서모임을 통해 회사의 현안을 토의하고 솔루션을 찾는다. 회사의 CEO들은 자기계발서를 읽고 책의 내용을 벤치마킹하는 독서경영을 실시한다. 자기계발도 자기혁명도 독서에서 동기유발이 된다는 것을 잘 알 수 있는 현실이다. 어릴 때부터 아이의 꿈과 관련된 책을 읽게 하자.

자존감 클리닉 18

Q : 아이가 미래에 대한 꿈도, 계획도 없이 산다. 소극적인 아이의 태도를 어떻게 개선할 수 있을까?

A : "네가 정말 하고 싶은 것이 무엇이냐?"

"그것이 하고 싶은 이유는?"

"그것을 이루기 위해서 지금 할 일은?"

간단하지만 심오한 질문을 스스로 하게 하라. 독서를 하면서 아이의 생각이 바뀌고, 생각이 바뀌면 행동이 바뀌고, 행동이 바뀌면 아이의 운명이 바뀐다.

05
책을 읽고 자유롭게 이야기 나누기

인생의 목적은 성장하고 나누는 것이다.
– 해롤드 쿠시너(미국의 랍비)

불행했던 한 소년은 어떻게 예술가가 될 수 있었는가?

세계적인 동화작가이며 만화가로 유명한 자렛 크로소작의 TED 강연을 감명 깊게 시청했다. '어떻게 한 소년이 예술가가 될 수 있었을까?'라는 주제를 자전적인 이야기로 술술 풀어나갔다. 교육자로서 '어떻게 가르칠까?'에 대해 고민하는 요즘, 답은 생각보다 간단하다.

아이가 성장하는 일에 교사는 훌륭한 조수여야 한다. 그 이상도 그 이하도 아닌 것이 확실하다.

자렛 크로소작의 이야기에서 그 답은 더욱 명확해진다. 그는 불우한 어린 시절을 보냈고 외조부 슬하에 입양되어 자란다. 그 때 그의 창의성을 언제나 지지해준 외할아버지가 가장 큰 조력자가 되었다. 초등학교 때 그의 그림을 보고 "고양이를 잘 그리네."라고 칭찬한 교사의 한마디는 그의 그림 그리기에 날개를 달아준다. 학교에서 집에 돌아온 뒤에도 쉼 없이 그림 그리는 연습을 하고 『가장 잘 날 수 있다고 생각한 올빼미The owl who thought he was the best flyer』라는 책을 쓴다. 이를 계기로 자렛 크로소작은 동화작가라는 직업을 가지게 된다. 대학을 졸업한 손자와 외할아버지의 대화가 개그 같다.

"할아버지, 제가 책을 쓰고 출판을 했어요."

"그 책은 누가 사니?"

"아직은 아무도 안 사네요. 하지만 언젠간 팔릴 겁니다."

여러 출판사의 수많은 거절 끝에 책을 출판했지만 무명작가의 현실은 슬펐다. 그래서 잘나가는 작가들의 그림책을 그대로 모방하는 제자에게 어느 날 스승은 말했다.

"남에게서 배운 대로 그리지 마라. 너의 방법대로 그림을 그리고 그 방법을 지켜내라. 넌 잘할 수 있다. 아무도 알아주지 않아도 언젠가는 너의 그림책을 알아줄 날이 올 테니 용기와 희망을 잃지 마라."

이 무명작가의 끈질긴 노력 끝에 랜덤하우스에서 그의 첫 작품인 『잘

자, 몽키 보이Good Night, Monkey Boy』가 출간되었고 동화책으로서 최고의 베스트셀러가 되었다.

'넌 잘할 수 있다'는 충고로 그의 창의적 능력을 이끌어준 선생님의 남다른 지혜가 가슴에 확 와 닿는다. 여기서 교사의 역할은 동서고금을 막론하고 별반 다르지 않다. 자고로 훌륭한 교사의 역할은 다음과 같다.

아이의 재능을 발견하고 진심어린 칭찬을 하라.
아이의 재능에 대해 진정성 있는 충고를 하라.
아이의 재능을 발견하고 스스로 할 수 있게 격려하라.

재능을 칭찬하고 애정으로 지켜보라

나는 직장을 따라 중소도시에서 살게 되었다. 아이 교육에 대한 중심축을 책 읽기로 극복하겠다는 의지로 일찍 한글교육을 시작했다. 한글공부와 독서를 병행한 결과는 대성공이었다. 나는 아이를 가진 부모에게 자신 있게 말한다. 아이의 성장을 위해서 스스로 책을 읽을 수 있도록 도와주는 일이야말로 얼마나 효과적인 무기인가를 확실히 말할 수 있다. 책 읽을 줄 아는 아이가 되고 보니 워킹맘으로서 아이와 함께 하지 못하는 시간을 스스로 독서로 채웠다. 퇴근 후 나는 밤늦도록 아이가 들려주는 이야기를 듣다가 잠이 드는 행복한 엄마였다.

한 아이가 잘 자라도록 사회가 동참해야 한다. 아이가 잘하는 것을 발견하기를 멈추지 말아야 한다. 끝까지 지켜봐야 한다. 관심을 가지고 관찰을 멈추지 말아야 한다. 또한 재능 있는 아이를 지지하는 어른들이 필요하다. 부모와 교사의 역할은 가르치고 보호하는 것이 아니다. 아이의 열정에 기름 붓기는 칭찬과 격려로 용기를 주는 것이 더 중요하다. 아이가 자신이 좋아하는 일과 잘하는 일을 찾아 나아가도록 지켜봐줘야 한다. 긍정과 열정을 지니고 하는 일이라면 그것이 뭐든지 지지해줘야 한다. 돈벌이가 안 될지라도 꿈을 꺾지는 말아야 한다.

그런 열린 마음과 긍정적인 마음으로 소통하고 자기 성장에 도움을 요청할 줄 아는 주변인과의 소통 능력을 가진 아이로 키우자. 아이의 미래를 스스로 개척하고 행복한 삶의 주인공이 되도록 적극적으로 지지해주는 것이 변화하는 시대의 부모와 교사의 역할이다.

독서와 대화로 꿈을 구체화시키게 하라

디지털미디어학과를 희망하는 중3 가영이는 컴퓨터 귀신이라는 별명을 가졌다. 가영이는 컴퓨터를 좋아하는 수준을 넘어서 매우 사랑한다. 자신의 일부라고 생각할 정도로 컴퓨터 사랑이 넘치는 아이이다. 미래의 꿈도 컴퓨터와 관련된 분야로 정했다. 그래서 특성화 고교로 진로를 정했다. 어느 날 내가 말했다.

"가영이는 어떤 책을 주로 읽니?"

"전 컴퓨터랑 노는 게 좋지, 독서는 싫어해요."

"가영아, 넌 컴퓨터 가게를 차릴래?"

"아뇨, 선생님. 전 컴퓨터를 사랑하는 사람이 될래요. 전 컴퓨터를 더 키우는 사람이 되고 싶어요."

"그렇구나, 그럼 지금부터라도 독서를 많이 해야겠구나."

"왜요? 컴퓨터만 잘 다룰 줄 알면 충분하지 않나요?"

"컴퓨터 판매나 수리만 하는 것이라면 괜찮아. 하지만 창의성과 상상력으로 컴퓨터를 더 키우고 싶다면 독서가 꼭 필요하단다."

요즘 가영이는 독서 삼매경에 빠졌다. 책을 읽고 자유롭게 이야기를 하곤 한다. 컴퓨터랑 게임만 하던 가영이는 과학이야기를 읽는다. 디지털미디어학과를 가서 이렇게 재미있는 이야기를 신 매뉴얼로 개발하겠다고 당찬 포부도 밝힌다. 컴퓨터 만지는 일이 제일 좋고 컴퓨터를 사랑해서 컴퓨터와 살고 싶다는 가영이다. 세상의 신기한 이야기를 신 매뉴얼로 개발하겠다는 컴퓨터 프로그래머의 꿈이 잘 자라기를 바란다. 오늘도 가영이는 독서를 한다.

자존감 클리닉 19

Q : 아이가 컴퓨터와 함께 결혼까지 할 생각이라고 말하면서 책은 전혀 읽지 않는다. 아이에게 어떻게 독서를 하게 할 수 있을까?

A : 아이가 어딘가에 몰두하고 있는 상황이라면 그 열정을 살려 삶의 주인이 되도록 도와주는 것이 중요하다. 지금 관심 있는 컴퓨터 분야의 성공자가 되기 위한 독서의 필요성을 말해주자.

"컴퓨터 기계를 만드는 기술자가 되고 싶은가? 컴퓨터 프로그램을 만드는 사람이 되고 싶은가? 어느 쪽이든지 독서를 하지 않는다면 남다른 아이디어를 창출하기란 어렵다. '네 목숨을 걸고, 일생을 바치고 싶도록 사랑하는 컴퓨터의 발전을 위해서 꾸준히 새로운 정보 탐색을 위한 노력이 필요하다."

06
내 아이를 질문왕으로 만들기

길을 걷다가 돌을 보면 약자는 그것을 걸림돌이라고 하고,
강자는 그것을 디딤돌이라고 한다.
– 토마스 칼라일(영국의 평론가)

나 자신과 만나고 싸우는 방법, 질문!

존 스튜어트 밀이 다음과 같이 말했다.

"아이가 스스로 공부하는 가장 확실한 방법은 존재하는 모든 것에 '질
문'을 던지는 것이다."

'매니 파퀴아오'를 아는가? 그는 169cm, 60kg의 작은 체구를 지닌 필
리핀의 복싱 선수이다. 서양인에 비해 왜소한 체구로 경량급에서 활동하
던 그가 다른 체급으로 옮기려 했을 때, "아시아인이 3체급 이상 제패하

는 것은 불가능하다."라며 많은 사람들이 비관적으로 봤다. 그러나 그는 비웃기라도 하듯 다른 체급의 챔피언들을 모조리 때려눕혔다. 흑인 선수들만큼 타고난 유연성은 없지만, 꾸준한 후천적 훈련을 통해 황색인의 근지구력을 최고봉까지 끌어올렸다. 아시아에서 가장 인지도 높은 운동선수로서 '세계에서 가장 영향력 있는 100인'에도 선정되었다. 파퀴아오는 복싱 역사상 아시아인 최초로 8체급을 석권한 복싱 영웅이다. 세계 복싱챔피언십 대회에서 그가 인터뷰하며 남긴 유명한 말이 있다.

"세계의 복싱 챔피언들과 싸워 승리했는데, 누구와 싸울 때가 가장 힘들었나요?"

"저와 싸우는 그 순간이 가장 힘들었어요. 하지만 그 일을 한순간도 게을리한 적 없어요. 매번 그렇게 나와 만나는 게 가장 중요하다고 생각해요."

나와의 싸움에서 이기는 것이 제일 중요하다고 말한 매니 파퀴아오! 그의 말을 자신 있게 부정할 수 있는 사람은 없다. 나와의 싸움에서 이기는 것이 중요한 만큼 '나에게 싸움을 걸 수 있는 용기'가 더 중요하다.

다음은 자신과의 싸움에서 두려움을 없애는 처방이다.
"나와의 싸움에서 이기는 것이 두려운가?"

"나와의 싸움에서는 결코 나는 질 수 없다. 왜냐하면 내가 져도 이긴 건 또 다른 '나'니까. 그저 자신과의 싸움을 계속할 뿐! 이기든 지든 아무런 의미가 없다."

"진짜 패배자는 두려워서 어떤 시도도 하지 않는 사람이다. 지금 당장 내게 싸움을 걸어라. 챔피언은 오직 '너'뿐이다."

나는 기사를 보면서 진한 감동을 느꼈고 그를 기억하게 되었다. 너무도 뻔한 질문을 던졌는데 그의 대답은 뼛속 깊은 곳에서 나온 진국이 아닌가. 세계인의 가슴 속에 '촌철살인'의 한마디를 남겼다. 이처럼 질문과 대답은 황홀한 메이트짝이다. 무조건 이기는 건 오직 자신과의 싸움에서 가능하다는 것이 진정한 우문현답이다.

꼬리에 꼬리를 무는 질문으로 본질을 찾게 하라

우리나라 '착한 기업 홍보이사'인 박용후 작가는 자신의 책 『관점을 디자인하라』에서 "끊임없는 질문은 본질에 접근하는 힘."이라고 말한다. 남들보다 폭 넓은 생각, 새로운 관점, 미래의 트렌드를 알고 싶다면 모든 것에 말을 걸어보라! 사람하고만 대화를 할 수 있는 것은 아니다. 모든 사물에게 말을 걸어보라. 그림을 감상하고 있다면 그림에게 궁금한 것을 물어보라. 신기하게도 우리가 물으면, 사물 역시 답을 해준다. 자기 자신과도 대화를 해라. 궁금할 때마다 묻고 생각하는 과정이 반복되면 생각의 폭과 깊이가 넓어지고 깊어진다. 사물의 본질에 가까이 가는 생각을 많이 하는 사람들이 창조적인 발상으로 억대 연봉을 받는 CEO가 된다. 예를 들면 '카카오톡'의 김범수 의장은 '카카오톡'을 만들기 전에 먼저 '스마트폰'과 진지한 대화를 했다.

"스마트폰의 본질은 뭘까?"

"전화기!"

"그렇다면, 전화기의 본질은 뭘까?"

"커뮤니케이션!"

"그렇다면, '커뮤니케이션의 핵심은 뭘까?"

"이야기를 하고 싶은 것, 그러니까 수다다!"

이런 문답 끝에 '커뮤니케이션'을 소비자들의 관점에서 풀어낸 '카카오톡'이 탄생했다고 한다. 이처럼 특정 사물을 바라볼 때, 그것의 본질이 무엇인지 파고 들어가서 질문하라. 계속 질문하다 보면 그것의 진정한 가치를 알게 된다.

선생님 말씀 잘 듣는 아이, 질문 많이 하는 아이

"학교 다녀오겠습니다!"

"오냐, 학교 가면 선생님 말씀 잘 들어야 한다."

어린 시절 매일 아침에 들었던 말이다. 이 말은 대한민국 부모와 자녀 사이에서 고정적인 패턴 같은 문장이다. 우리가 '모르는 건 질문하라'는 말을 듣게 된 건 최근에 와서인 듯하다.

언젠가 중학교 1학년이 된 진아와 나눈 이야기가 떠오른다. 진아는 초등학교 1학년 때 별것도 아닌 수학 문제 풀이 방법을 7년간 비밀로 간직하고 있었다. 선생님께 혼날까 봐 참고, 친구들이 놀릴까 봐 숨겨온 7년. 너무나 의외의 상황이라 지금도 진아의 모습이 뚜렷하게 기억난다.

"진아야, 이젠 그렇게 참지 마. 네가 모르는 건 선생님께 즉시 질문하고 행복과 평화를 누려봐. 그럼 친구들이 널 놀리지 않는다."

내 말에 진아는 상당히 안정이 되었다.

기적의 독서법『자투리 시간 독서법』의 저자인 허동욱은 말한다. 누구 못지않게 독서광인 그는 수백여 권의 책을 읽은 뒤 스스로에게 질문했다. '책을 통해 얻은 것이 무엇일까?', '책을 읽으면서 난 얼마나 변했을까?'라고. 대답은 '책을 읽은 과정에서 실제로 자신의 변화와 성장을 이룬 게 없다.'와 '망치로 머리를 한 대 맞은 것처럼 아찔했다.'였다.

그 후 그는 책을 읽으면서 끊임없이 '질문'을 던졌다. 예컨대 '이 책을 쓴 의도는?', '저자는 무슨 말을 하려고 이 문장을 썼을까?', '내가 저자라면 어떻게 판단했을까?', '이 책을 통해 얻는 것은 무엇일까?' 등. 책을 읽다가 다이어리에 메모하며 내용을 고민하며 사색하고 진리를 찾는 과정을 즐겼다. 그런 방법으로 책을 읽으며 질문을 던진 결과, 지금껏 보지 못한 또 다른 세상이 보였다고 말했다.

아이가 입에 질문을 달고 살게 하자

'질문'은 매우 중요하다. 아이가 아는 것과 모르는 것에 대해 확실하게 구분 짓는 소중한 정보다. 그런데 우리의 현실에서는 질문상賞을 주는 경우가 없다. 오히려 문제풀이상이나 대답상을 주는 경우가 대부분이다. 상황이 이렇다 보니 아이는 '질문'의 가치를 알 턱이 없다. 그저 모르는 것이 있어도 친구가 놀릴까 봐 눈치만 보다가 말문을 닫는 경우가 흔하다. 우리 사회에서 '질문왕'을 많이 배출하는 질문 문화가 자리매김하길 바란다.

어느 누구도 세상의 모든 지식을 완벽하게 알지 못한다. 마음의 양식인 책을 통해 끊임없이 질문하고 지식을 이해하려는 과정을 밟을 뿐이다. 독서하는 중에 질문하는 과정에서 진정한 자아를 만난다. 아무리 하찮은 질문이더라도 내 아이를 '질문왕'으로 만들어야 한다. 그렇게 하다 보면 아이는 독서를 통해 내면의 자아를 발견하고 자아실현을 위해 더넓은 세상으로 나아가게 된다. 이제는 아이가 입에 질문을 달고 살게 하자. 부모는 진심을 다해 자녀의 애청자가 되어주자!

자존감 클리닉 20

Q : 아이가 발표력이 없다. 질문이 있어도 잘 말하지 못하고 망설인다. 어떻게 할까?

A : "정수야, 이젠 그렇게 참지 마. 네가 이해할 수 없는 것은 선생님께 질문하렴."
아무리 하찮은 질문이라도 아이의 말을 끝까지 들어라. 내 아이를 '질문 왕'으로 만들어야 한다. 이제는 아이가 입에 질문을 달고 살게 하자.

07
가족이 함께 책 읽는 시간을 정해두기

성공이 행복의 열쇠가 아니라, 행복이 성공의 열쇠다.
– 알베르트 슈바이처(독일의 의사)

신사임당의 자아 완성형 독서 교육

최효찬의 저서 『세계 명문가의 독서교육』에는 동서양의 다양한 명문가가 나온다. 그 가운데 석학 율곡 이이를 길러낸 신사임당에 대한 이야기도 나온다. 이율곡 가家의 독서비법은 재능에 따라 자녀를 키운 신사임당의 독서코칭에 있다고 그는 말한다. 신사임당은 이미 500년 전에 재능에 따라 자녀를 키운 드림워커알파맘다.

그는 독서교육에 앞서 입지교육교육에 뜻을 세우기을 하고 재능과 눈높이에 따라 맞춤형 독서교육을 자녀들에게 적용했다. 어릴 때부터 책 읽기를 좋아한 이율곡을 성리학자와 정치가로 키웠다. 막내아들 이우는 시서화와 거문고의 대가가 되었고 큰딸 이매창은 시문과 그림에 뛰어난 재능을 보여 '작은 사임당'으로 불리도록 키웠다.

신사임당은 아이들의 재능을 잘 발굴한 훌륭한 부모이자 교육자이다. 세 아이를 천재로 키우는 성과를 거두었다. 특히 신사임당은 자신이 먼저 책을 읽고 그 글의 내용을 그림으로 그렸다. 책을 구하기 어려운 시절이고 경제적 여유가 없는 가정형편에도 불구하고 책을 구해서 자주 읽어주었다. 단아한 모습으로 자녀들에게 책을 읽어주는 신사임당의 모습을 보며 자란 아이들도 자연스럽게 책을 좋아하게 되었을 것이다.

신사임당은 새벽에 일어나 책을 먼저 읽고 좋은 문장이나 구절을 메모해 집안 곳곳에 걸어두고 아이들과 반복해서 읽었다. 500년이라는 시간적 차이가 있지만 지금 우리가 강조하는 독서교육과 다르지 않다는 사실에 놀라지 말자. 또한 요즘 일부 어머니들의 육아법이 '자아상실형 자녀교육'이라면 사임당은 '자아완성형 자녀교육'을 실천한 어머니이다. 즉, 자녀를 위해 자신의 모든 것을 희생하며 자녀교육을 하는 현대의 자녀교육이 아니라 신사임당은 어머니로서, 그리고 자기 자신으로서 자기계발도 병행한 것이다.

부모는 부모대로, 아이는 아이대로의 길이 있다

신사임당은 '뜻을 세우면 이루지 못할 것이 없다'는 입지교육을 강조했다. 자녀 교육만 강조한 것이 아니라 신사임당은 꾸준히 그림공부를 했다. 자녀교육에서 성과를 거두고 자신도 조선시대 최고의 여류화가가 된 것이다. 성리학의 대가인 이율곡은 소문난 독서광이었다. "독서는 죽어서야 끝이 난다."라고 말하며 평생 독서의 중요성을 설파했다. 그리고 율곡은 즐기는 독서인 다독과 속독보다 숙독과 정독으로 철저하게 원칙적인 독서를 했다. 학문하는 자세는 그의 규칙을 철저하게 지키는 독서방법에서 비롯되었다.

참고서 공부, 시험대비 문제를 푸는 공부에 치여서 독서할 엄두도 못내는 요즘의 아이들이 심하게 걱정된다. 뭔가 잘못된 점을 발견하고 아이들을 바른 길로 이끌어야 할 의무는 부모에게 달려 있다.

한국의 부모들이 자녀에게 바라는 직업에는 '사'자가 들어가야 한다. 학부모 대상의 어느 강연에서 "그렇게 '사'자가 달린 직업이 좋으면 부모가 먼저 그것을 하면 된다."라는 말을 들은 적이 있다. 그 말에 나도 격하게 공감했다. 부모의 보상심리나 대리만족은 이제 그만하자. 그토록 부담스러운 요구로 자녀들의 꿈을 꺾는 일은 이제 그만해야 한다. 물론 부모와 아이의 가치관이 일심동체라면 문제가 없다. 아이들이 부모의 희망사항을 따르기 위해 하는 공부는 의미가 없다. 행복지수가 낮은 우리나라 아이들은 대개 부담스러운 마음으로 부모의 소원 들어주기 식의 목표를 가지고 공부를 하는 경우가 많다.

하고 싶은 것, 되고 싶은 것, 갖고 싶은 것을 위한 공부라면 부모가 직접 해결하는 방식으로 바꿔야 한다. 부모가 하지 못한 일, 되지 못한 것, 갖지 못한 것들을 아이를 통해 이루어 대리만족 하려는 사슬을 끊어야 한다.

함께 독서 후 이야기하고 보상을 줘라

자녀는 부모의 소유물이 아니다. 아이도 분명한 하나의 인격체이다. 그래서 개별적 인간으로서 존중받아야 함이 마땅하다. "일어나라.", "숙제해라.", "학원가라.", "시험공부해라." 시시콜콜한 간섭은 하지 말아야 한다. 아이의 일인가, 부모의 일인가를 먼저 생각하고 말하자. "밥하라, 빨래하라, 청소하라, 설거지하라, 돈 벌어오라."라고 부모의 일에 아이가 시시콜콜하게 간섭을 한다고 생각해보라. 웃기지 않겠는가?

아이가 부모 간섭하는 말은 하면 안 되고 부모는 아이의 일에 시시콜콜하게 간섭을 하는 것이 옳단 말인가? 나는 오히려 아이에게 한없이 감사하다. 나에게 이래라 저래라 명령하지 않아서. 만약에 아이가 부모에게 날마다 더 많은 돈을 벌어오라고 한다면 얼마나 가슴이 답답할까? 돈많이 벌고 싶지 않은 부모가 없듯이 성적을 올리고 싶지 않은 아이도 없다는 사실을 믿어라. 부모가 돈 많이 벌려고 노력을 해도 돈이 꼭 많이 들어온다는 보장은 없다. 아이가 성적을 올리려고 노력은 해도 성적이 생각대로 올라가지 않는 이치도 같다. 외적 요인이 커다란 변수이기 때문이다. 어쩌면 부모와 아이는 서로 같은 길에서 고민하고 방황하는지도 모른다. 어차피 간섭은 서로의 일에 도움이 되지 않는다. "독서하라."라고 절대 강요하지 마라. 독서는 아이가 스스로 읽고 싶어지도록 동기부여를 하는 전략을 짜야 한다.

자기주도적인 성향의 시작이 독서에서 '내가 읽고 싶은 책 고르기'이다. 권장도서의 한계를 벗어나라. 요즘 아이들은 고전읽기의 중요성도 알고 자신들의 취향을 알고 독서를 한다. 독서에서 아이가 자유를 만끽할 수 있도록 도서 목록은 간섭하지 말자.

또한 독서 후 보상 전략을 탄탄히 짜는 것이 좋다. 한 권이라도 책을 읽으면 온 가족이 살갑게 칭찬하라! 달라진 아이의 태도에 그리고 책 내용에 대해 단 한 가지라도 질문하고 대화를 나누어라. 이때 부모의 말투는 신중해야 한다.

"안 돼. 넌 할 수 없어. 내가 시키는 대로만 해라!"라는 말 대신에 "해도 돼. 넌 할 수 있어!"라는 말로 바꾸어 아이들이 "난 할 수 있어! 내가 꼭 해낼 거야!"라고 말하도록 이끌어주어야 한다.

아무리 부모와 아이 사이라도 대화하지 않으면 속을 알 수가 없다. 그냥 "얘기하자." 하고 마주 앉자. 어색하지만 책을 읽고, 가능하면 같은 책을 함께 읽은 뒤에 대화를 나누면 서로의 생각을 쉽게 확인할 수 있다. 독서토론이 꼭 찬반으로 대립된 생각을 가지고 이야기하는 것만은 아니다. 독서 후 활동으로 서로 공감한 내용을 나누며 소통하는 것이 더 큰 이익이다.

자존감 클리닉 21

Q : 아이가 자신감이 없고 기가 없는 편이다. 평소에 어떻게 대응해야 할까?

A : 아이에게 3가지 외에는 모두 긍정의 답을 해주세요. 3가지란 살인, 폭행, 도벽입니다. 이에 해당하지 않으면 모두 '예스'라 말해보세요.

"안 돼, 넌 할 수 없어, 내가 시키는 대로만 해라."라는 말보다 "해도 돼, 넌 할 수 있어, 네가 선택해 봐."라는 말을 더 많이 해보세요.

아이와 대화할 때 부모의 말투는 신중해야 합니다.

08
재미있고 효과적인 7가지 독서법

"마음에도 근육이 있어. 처음부터 잘하는 것은 어림도 없지.
하지만 날마다 연습하면 어느 순간 너도 모르게
힘든 역경들을 벌떡 들어 올리는 널 발견하게 될 거야."
– 공지영(한국의 소설가)

효과적인 독서 방법 7가지

'인생역전 로또'가 아니라 '인생역전 독서'가 답이다.

자고로 독서를 해야 생각이 단단한 아이로 자란다. 책을 읽으면서 거
대한 사고의 바다를 경험한 아이와 그렇지 못한 아이는 천지차이다. 꾸
준한 독서로 자존감이 높고 생각이 단단한 아이로 자라면서 자신이 꿈꾸
는 인생을 얻을 수 있게 된다.

'너 자신을 알라.'라는 유명한 말로 우리가 잘 아는 고대 그리스 철학자

소크라테스는 자기발전을 위해 독서가 필요하다고 다음과 같이 말했다.

"남의 책을 많이 읽어라. 남이 고생하여 얻은 지식을 아주 쉽게 내 것으로 만들 수 있고 그것으로 자기발전을 이룰 수 있다."

자기발전을 위한 효과적인 독서 방법에는 어떤 것이 있을까? 아무리 좋은 책이라도 읽기가 지루하다면 효과가 줄어든다. 그래서 시간을 단축시키고 효과적인 독서 방법 7가지를 소개하겠다.

첫째, 몰입 독서법이다.

몰입沒入은 물이 거침없이 흘러가는 상태로서 행복의 본질적인 형태라고 말한다. 따라서 몰입을 하면 아이는 자신의 능력을 최고로 발휘할 수 있다. 즉, 책 읽기에서 오로지 책의 세상에 빠져들어 자신을 잊어야 한다. 읽다 보면 어느새 마지막 페이지를 넘기는 자신을 만나게 된다. 일을 빨리 처리하기 위해서 무의식 상태에 빠지면 자신도 모를 만큼 독서가 빠르게 진행된다. 의식보다 무의식이 더 많은 정보처리를 해내는 뇌구조 때문이기도 하다. 이것을 몰입 독서법이라고 한다.

책을 읽는 자신을 잊고 오직 책 읽기에 몰입하면 책 읽기의 속도가 빠르고, 이해도 쉽고, 1분이라는 시간도 길게 느껴진다는 사실을 당장 경험해보자.

둘째, 이미지 독서법이다.

이것은 책 읽기에서 글자를 한 자, 한 자씩 순서대로 읽지 않고 그림을 보듯 전체를 보는 것이다. 독서도 하나의 기술이다. 훈련을 하면 누구나 독서의 달인이 될 수 있다. 보통 만화책은 빨리 읽는다. 그림을 보듯 읽기 때문이다. 이와 마찬가지로 책을 읽지 말고 풍경을 보듯 보라는 것이다. 독서도 빨리 읽는 것이 집중력과 이해력이 향상된다. 아이 뇌구조의 특징으로 책 읽기도 이미지화하면 가장 빠르게 책을 읽을 수 있다. 이것을 이미지 독서법이라고 한다.

셋째, 1+1 독서법이다.

책으로 책을 읽게 해주는 독서법인데 '용불용설'이 맞긴 맞다. 즉 무엇이든지 쓰면 쓸수록 발달한다는 법칙으로 책 읽기도 마찬가지다. 읽으면 읽을수록 독서력은 기하급수적으로 강해진다. 책 중독자, 활자 중독자, 독서광이라는 말은 행복한 별명이다. 책 읽기에 빠진 독서의 즐거움을 체험한 경지를 의미하기 때문이다.

책 읽기에 맛을 들이면 폭발적인 집중력과 썬 파워를 가지게 된다. '1+1 독서법'이란 1권의 책을 읽으면, 그 책을 통해서 다른 책을 읽게 되는 것을 말한다. 따라서 수십 권의 책을 읽으면 수백 권을 읽을 수 있게 된다. 이것을 1+1 독서법이라고 한다.

넷째, 상상 독서법이다.

이것은 책이 없어도 빠른 독서 습관을 길러주는 책 읽기이다. '나는 빨리 읽을 수 있다.'라고 생각한 후 읽는 것은 생각과 몸의 영향력에 잠재적 영향을 미친다. 즉 생각으로 마음을 움직이는 상호 유기적 현상이 나타난다. 아이의 놀라운 뇌의 작용 때문이다. 책 읽기 속도가 빨라진다고 상상하라. '나는 빨리 읽을 수 있다.'라고 생각하라. 그러면 생각이 몸을 이끌어 보다 빠른 책 읽기가 가능해진다.

다섯째, 포인트 독서법이다.

책 읽기에서 별사탕을 골라 먹는 독서다. 책 읽기에서 내용의 핵심을 찾고, 주로 핵심내용 파악을 중심으로 한다. 글을 처음부터 끝까지 성실하게 통독해도 좋지만, 책의 중심 내용을 이해하는 독서를 하면 더 효율적이다. 즉 핵심과 결론 중심의 책 읽기를 말한다.

여섯째, 호기심 연상 독서법이다.

세상에서 일어나는 모든 일에는 원인이 있다. 그래서 '왜?'라고 물어보면서 그 답을 찾기 위해 독서한다. 책을 읽을 때 글의 내용을 이해하는 속도가 빨라진다.

세상에 대한 관심과 호기심은 경험과 지식의 폭을 확장시킨다. 호기심이 많을수록 책의 내용을 더 풍성하고 다양하게 이해한다. 따라서 훌륭한 책도 책의 반은 훌륭한 독자가 만드는 것이라고 말하는 이유가 여기 있다.

일곱째, SQ3R 독서법이다.

SQ3R 독서법이란, 훑어보기Survey, 질문하기Question, 자세히 읽기 Read, 암송하기Recite, 다시보기Review의 첫 글자를 딴 것이다. 효과적인 독서를 하기 위한 5가지 절차이다. 즉 훑어보기는 글을 읽기 전에 미리 내용을 생각해보는 단계다. 제목, 소제목, 삽화 등을 훑어보고 글 전체 내용을 짐작해본다. 질문하기는 단어나 문장의 정확한 의미를 이해하고 이 글에서 더 알고 싶은 것이 무엇인지 등의 질문을 던지는 단계이다. 자세히 읽기는 질문하기에서 더 알고 싶은 것에 대해 질문한 것에 답을 찾는 데 주의하며 천천히 읽어보는 단계이며, 암송하기는 이 글을 쓴 동기나 목적이 무엇인지, 읽은 내용의 핵심이 무엇인지 생각해보는 과정이다. 다시보기는 글의 전체 내용을 정리하는 단계이다. 글의 핵심 내용을 파악하고 자신의 생각을 보태어 한 편의 글을 써보고 다른 사람에게 추천해도 좋을 것이다.

위 방법이 단단한 아이로 키우는 7가지 독서코칭의 대표적 사례다. 이제 효율적인 독서 방법을 알았으니 당장 한 가지라도 실천해보라.

인생 역전, 독서가 답이다

나의 학창시절에 '천재'나 '박사'로 불리던 친구가 생각난다. 시험만 보면 전교 1등을 하곤 했다. 우리가 보면 공부를 별로 하지 않는 것처럼 보이는데 시험 결과는 엄청났다. 모두 궁금한 것은 그의 '공부 비법'이었다.

그때마다 그 친구는 "시험에 나오는 핵심 내용만 공부한다."라고 말했다. 이제 생각해보니 친구는 머리가 좋거나 공부 실력이 뛰어난 것이 아니라 핵심을 찾아 읽는 능력이 뛰어났다. 즉 포인트 독서법을 활용한 것이다. 같은 시간을 공부해도 글의 내용을 꿰뚫어보는 '포인트 독서'로 항상 전교 수석을 거머쥔 것이다. 이처럼 책의 핵심 내용을 중심으로 책을 읽으면 책 읽기가 재미있고, 속도도 빨라진다. 많은 책을 효율적이고 빠르게 읽는 방법은 핵심과 결론 위주의 포인트 독서법이다.

사람으로서 제대로 살기 위해서는 몸과 마음을 가꾸는 일에 신경을 써야 한다. 꼼수보다는 성실한 마음으로, 최고보다는 최선을, 성공보다는 보람에 가치를 두고 살아야 한다. 책을 읽으면 나를 알고, 남을 알게 되기 때문에 독서가 중요하다. 생각이 단단한 아이는 굳이 타인과 자신을 비교하지 않고 다름을 인정하며 포용력을 배운다. 부모는 아이를 남과 비교하지 말고 건강한 자존감을 키워줘야 한다. 꾸준한 독서로 생각이 단단한 아이로 키워라. 무엇을 위해, 어떻게 사는 것이 최고의 삶인가에 대한 답을 독서하며 찾으라. 이 책은 내가 찾은 그 절실한 깨달음에 대한 대답이다.

자존감 클리닉 22

Q : 아이가 독서 후 행동의 변화가 일어나도록 하려면 어떻게 해줘야 할까?

A : "무엇을 위해, 어떻게 사는 것이 최고의 삶인가?"에 대해 생각할 기회를 부여하라. 아이가 꾸준히 책을 읽으면 나를 알고, 남도 알게 되기 때문에 더불어 사는 공존의 원리도 깨닫게 된다. 아이가 스스로 미래를 만들어 가는 '자존감 독서법'을 알면 길이 보인다.

자존감 독서법 멘토링 3

독서의 가치는 죽지 않았습니다

뭐든 실천이 중요하듯이 독서도 실천이 가장 중요하다. 세상은 4차 산업혁명 시대가 이미 시작되었다. 변화는 시대의 필연적인 흐름이다. 변화하는 사회에 잘 적응하고 자기주도적인 삶의 주체가 되기 위한 대비 자세로 무엇이 진정 필요할까?

인공지능로봇AI과 한국의 이세돌 9단이 대결한 바둑 경기는 세기의 대결으로 전 세계인이 주목했다. 사람이 만든 프로그램을 장착한 인공지능로봇인 알파고와 인간과의 대결인 만큼 사람들의 관심이 컸다. 결과는 4:1, 알파고의 승리로 끝났다. 나는 실황을 지켜보면서 많이 놀라기도 했지만 아직은 인간이 승리할 수도 있다는 데 안도감이 들었다. 그러나 인공지능로봇AI인 알파고가 밤새워 학습하고 대국에서 일어나는 수많은 돌발 상황과 변수를 스스로 해결하는 능력을 가지고 있다는 사실이 너무나 놀라웠다. 반면에 이세돌 9단이 득점한 1점이 시사하는 바가 매우 컸다. 인간의 능력을 완전 정복하지는 못한 알파고의 한계를 보여준 것이다.

인간 승리의 쾌거라고 볼 수 있다.

세계의 우수한 프로그래머들이 만든 알파고이지만 인간의 돌발 상황 해결력과 창의 융합적 사고력을 따라잡기는 쉽지 않다는 사실을 보여주었다. 이런 관점에서 대국을 지켜본 전 세계인은 안도감을 느꼈을 것이다. 밤새워 쉬지 않고 돌아가는 시스템의 초고속 계산 능력을 보여준 알파고이지만 인간의 창의성을 완전히 따라잡지는 못했기 때문이다. 따라서 깊고 넓은 사유의 세계인 독서는 인간이 사수해야 하는 최후의 보루라는 생각이 든다.

독서의 중요성은 인간의 역사와 함께 면면히 이어져 내려오고 있다. 즉 독서의 가치는 인류의 역사와 함께한다는 사실을 입증한다.

4장

아이의 미래를 만드는
자존감 독서 원칙

Self-esteem Reading

01
성공한 사람들의 꿈을 모방하게 하자

승자는 구름 위의 태양을 보고, 패자는 구름 속의 비를 본다.
 – 존 F. 케네디(미국의 제35대 대통령)

자신의 일을 묵묵히 끝까지 해내야 성공한다

옛날이나 지금이나 주위 사람들이 하는 말에는 상관없이 오로지 자신의 길을 묵묵히 걸어가는 사람들이 있다. 즉 '인내'라는 글자를 가슴에 품은 사람들이다. 평탄하지 않은 세상을 살아가면서 마음속에 품은 '견딜내耐' 한 글자에 깊은 뜻이 숨어 있다. 참고 견디지 못하면 뜻을 쉽게 이룰 수 없다. 그래서 서양에도 '인내는 쓰다. 그러나 그 열매는 달다.'라는 말도 있지 않은가!

사람의 '인내심'에 관한 일화 하나를 예로 들어보자.

세상일에는 상관하지 않고 초야에 묻혀 오로지 학문을 닦으며 살아가는 한 선비가 있었다. 그의 아내가 매일 시장에 나가 물건을 팔아 겨우 끼니를 해결하는 처지였다. 어느 더운 여름날에 그의 아내가 품팔이를 나가며 학자에게 혹시 소나기가 올지 모르니 마당에 널어둔 빨래를 좀 걷어달라고 당부했다. 그러나 워낙 책 읽기에 몰두한 학자인지라 갑자기 지나간 소나기로 마당에 널어둔 빨래가 모조리 젖은 줄도 몰랐다. 저녁 때 집에 온 아내는 그 광경을 보고 매우 화가 났다. 우물에서 물을 한 두레박 길어 와서 선비에게 퍼부었다. 선비는 태연히 옷에 묻은 물기를 털면서 말했다.

"어허, 거참 이상한 일이구먼. 낮에 온 소나기가 이제야 내 머리 위에서 떨어지네그려."

비록 아내에겐 쓸모없는 선비지만 학문을 하는 학자라면 이 정도의 인내심과 끈기로 학문을 닦아야 하지 않을까!

하루에 3시간, 좋아하는 것에 집중하는 시간을 가져라

무엇이든지 너무 조급하게 서두르지 말라. 급할수록 돌아가라는 선조의 말씀을 새기면 좋다. 마음의 줏대를 확실히 잡아 마음을 다스릴 줄 아는 사람이 되어야 한다.

세계적 제일의 부자인 빌 게이츠, 스마트폰으로 세계 IT 역사를 바꾼

스티브 잡스, 세계 증권가의 큰손 워런 버핏. 그들의 공통적인 성공 비결은 무엇일까?

그들은 하나같이 말한다. "성공의 유일한 비결은 성공할 때까지 멈추지 않는 것이다. 젊은이들은 '유레카'를 외치는 순간을 향해 자신의 길을 꿋꿋이 걸어가길 바란다."고 말했다. 사람들은 누구든지 자신이 좋아하는 일을 해내면 좋은 성과를 얻게 된다. 자기가 좋아하는 일을 해내면 그것만으로도 행복한 시간이 된다. 무엇보다 중요한 성공 비결은 묵묵히 끝까지 해내는 뚝심과 인내심이다.

세계적인 재즈 연주가인 준 미야케는 '1만 시간'의 반복된 훈련으로 성공한 사람이다. 물론 이런 상황에서 사람들은 그런 스토리를 읽고 감동한다.

준 미야케는 "내가 악보를 읽을 수 있게 된 것은 23살 때의 일이고, 색소폰을 배우기 시작한 것은 25살 때였다."라고 말했다. 다른 사람이라면 너무 늦었다고 포기했을지도 모르는 나이에 시작해서 꿋꿋하게 자신의 길을 걸어갔고, 마침내 자신의 꿈을 이루고 성공하게 된것이다.

인생의 길에서 쉽고 빨리 가는 지름길은 결코 없다. 어떤 분야에서 성공하고 싶다면 '아웃라이어'가 되어야 한다. 성공한 운동선수, 작가, 강연가, 예능인 등의 인생 길에서 빛이 되어 바른 길로 이끈 것은 묵묵히 끝까지 해내는 뚝심과 인내심이었다.

지금부터 하루에 3시간씩, 자기가 좋아하는 분야에 집중하는 습관을 가져보자. 매사에 실패하는 습관보다 성공하는 습관을 가져라. 성공하는 습관을 가진 사람은 어떤 환경에서도 기회를 포착한다. 결국 시련을 기회로 삼아 자신의 꿈을 이뤄낸다. 각자의 꿈을 잘 키워서 성공의 열매를 수확할 수 있도록 노력하자.

자기 세계가 탄탄한 중학생 여주의 비밀, 독서!

중학생 여주는 3년 동안 도서실에 오지 않은 날이 없다. 비가 오나 눈이 오나 도서실로 출석했다. 100% 자율적으로 자기주도 독서에 몰입했다. 또래 아이들과 춤추고 노래하고 장난치며 노는 것이 최고인 줄 아는 중학생인 여주는 법조인이 꿈이다. 학교에서 교칙을 자주 위반하는 학생들을 대상으로 정기적으로 모의법정을 개최했는데, 여주가 모의법정의 검사를 맡았다. 그때마다 방청석 아이들은 여주의 언변술에 감탄했다. 여주의 예리한 분석력과 비판적인 발언이 탁월하다는 것을 아이들이 먼저 알아보았다. 우리는 법조인 여주의 멋진 미래를 보고 있는 듯한 착각을 하곤 했다.

여주는 독서와 함께하는 자기세계가 단단한 아이였다. 중학생인 여주의 독서량은 어마어마했다. 『삼국지』, 『수호지』, 『초한지』를 10번 이상 읽었다. 다양한 인물을 만나고 역사를 거슬러 올라가보고 상상하며 읽기의 달인이 되었다. 쉬는 시간마다 여주 주변에는 아이들이 모여 있다. 여주의 독서 만담이 아이들의 혼을 쏙 빼놓았다. 먼 훗날 여주가 꿈을 이루고 살 때 사람들의 입장과 처지를 독서로써 간접 체험한 것이 큰 도움이 된다는 것을 누구보다 잘 알고 있었다.

농부가 소를 물가로 인도할 수는 있지만 결국 물을 먹는 것은 소다. 아무리 유능한 교사라도 모든 학생이 공부를 잘하게 하는 기술은 없다. 지식의 샘으로 학생을 인도할 수는 있다. 샘물은 아이가 스스로 먹어야 한다. 그 샘물을 떠 마실 수 있는 바가지가 독서다.

성공한 사람들을 따라하다 보면 자기 세계가 탄탄해진다

여주는 많은 독서를 통해 사람을 다양하게 보고 다룰 줄 아는 경지까지 올랐다. 성공한 사회적 지도자를 본받는 간접 체험을 위한 독서를 열심히 했다.

여주는 자신의 삶에 보탬이 될 성공한 사람들의 삶을 모방할 줄 아는 지혜를 가졌다. 아이의 독서 습관은 가정에서 시작해야 한다. 부모가 함께 읽고 아이와 질문하자. 그 질문에 대한 답을 찾고 말하면서 가족 간에 자연스러운 대화도 나눈다면 일석이조가 아닌가. 부모와 아이의 윈윈게임이다. 독서능력을 제대로 가진 아이는 복잡하고 험한 인생을 헤쳐 나가는 데 큰 힘이 된다. 독서 습관은 부모로부터 물려받은 소중한 유산이다. 모든 공부의 기본은 독서라는 불변의 진리를 부모는 명심해야 한다. 아이에게 이를 장착시키는 일은 부모의 제1의 의무다.

자존감 클리닉 23

Q : 독후감을 쓰지 않으면 아무것도 남지 않을 것 같다. 그런데 아이는 너무 싫어한다. 독서 후 아이에게 독후감을 쓰도록 해야 할까?

A : 아이의 독서 습관은 어릴 적부터 가정에서 시작해야 한다. 부모가 아이와 함께 책을 읽고 아이와 질의응답을 나누자. 독서 후 독후감을 강요하지 말고 아이가 자유롭게 이야기하게 하라. 책을 읽고 얻은 교훈과 관련된 체험 활동을 하도록 기회를 제공하라.

02
아이의 꿈 목록을 독서노트에 기록하자

십년 뒤를 계책하는 자가 마침내 성공을 얻는다.
– 김정빈(작가, 『리더의 아침을 여는 책』 저자)

꿈과 관련된 독서목록을 가지도록 만들어라

꿈꾸지 않으면 사는 게 아니라고

별 헤는 맘으로 없는 길 가려 하네

사랑하지 않으면 사는 게 아니라고

설레는 맘으로 낯선 길 가려 하네

아름다운 꿈꾸며 사는 우리

아무도 가지 않는 길 가는 우리들

누구도 꿈꾸지 못한

우리들의 세상 만들어 가네.

– 양희찬 작사, 〈꿈꾸지 않으면〉 중에서

부모는 아이가 뭐든 다 잘하기를 바란다. 그중에서 잘할 수 있는 것이 많은 아이도 있고 잘할 수 있는 것이 별로 없는 아이도 있다. 그러나 독서능력은 모든 아이에게 다 키워줄 수 있지 않은가.

아이가 10대라면 무슨 꿈을 가지고 있는지 관찰과 대화로 탐색부터 하라. 요즘은 심리적성검사만 해봐도 아이의 재능과 적성을 금세 잘 알 수 있다. 물론 단순한 검사의 결과물로만 아이의 진로를 결정할 사람은 없으리라고 믿는다. 적성 검사로 방향을 알 수 없더라도 아이의 삶을 지켜보면 조금이라도 잘하는 일과 끝까지 해낸 일이 무엇인지 알 수 있다.

아이의 꿈과 관련된 독서 목록을 세우도록 도와주는 건 어떨까? 요즘은 인터넷 검색을 통해 관련 독서 목록을 세우는 데 큰 도움을 받을 수 있다. 부모는 아이가 무엇을 할 때 몰입하고 행복해 하는지 주의깊게 관찰해보라. 하루 종일 게임만 한다고 무조건 다 '프로게이머'가 되고 싶어 할까? 그것은 아이에게 물어보면 금방 답이 나온다. 대부분 게임은 현실도피적인 자기방어기제인 경우가 많다. 단지 지금 해야 하는 다른 일들을 미루고 회피하는 수단인 '게임'은 결코 꿈과 관련된 행동이 아니다.

아이가 꿈을 가지는 것도 꿈을 이루는 것만큼 쉽지 않다. 꿈을 가졌다면 철저한 계획을 세우고 끊임없이 노력해야 한다. 독서목록을 세웠다면 매일매일 책을 읽어나간다.

『10대에 알았더라면 좋았을 것들』의 저자 김태광은 말한다.

"성공하는 인생으로 이끄는 비결 중에서 대부분의 사람들의 '꼭 해야 할 일'의 목록을 만든다. 그리고 성공하는 사람들은 계획을 세우고 당장 실천에 옮긴다. 비록 숱한 어려움에 부딪치더라도 실패를 통해 '되는 비결'을 하나씩 깨닫게 된다. 이런 과정을 통해 성공하는 사람들이 '자신의 꿈을 이루었다'고 말하는 것처럼 아이의 꿈을 찾기 위해서도 마찬가지다."

'인내는 쓰지만 열매는 달다'는 말이 있다. 작은 일이라도 이루기 위한 과정은 처절하고 고통스럽지만 성공의 경지에 오르면 하루하루가 즐겁고 행복하다. 젊은 날에 꿈을 찾고 그것을 이루기 위해 노력하는 일은 아름답다. 자신만의 재능을 찾아 꽃 피우는 그날을 향해 도전하는 것은 멋진 일이다. '내 인생의 주인공은 나야 나!'를 외치며 도전하기를 바란다.

  '꿈'을 성취하기 위해서 '해야 할 일'의 목록을 세우고 '하지 말아야 할 일'의 목록도 세우자. 예를 들면, 꿈을 이루기 위해 다양한 독서를 할 필요가 있다면 '매일 독서하자.'는 해야 할 일에 해당한다. 반면 '매일 게임하자.'는 하지 말아야 할 일의 목록에 넣어야 한다. 게임을 하는 것이 나쁜 것이 아니라 하루의 시간은 정해져 있기에 이것저것 모두 할 수는 없다. '해야 할 일'의 목록과 '하지 말아야 할 일'의 목록을 모두 실천해야 한다. 예를 들면 건강한 몸을 만들기 위해서 '매일 꾸준한 운동'은 반드시 해야 할 일이고 '과식과 음주'는 하지 말아야 할 일이라면 쉽게 이해가 될 것이다. 먼저 아이의 꿈과 관련된 독서리스트를 작성하라.

  ① 아이가 잘하는 것, 좋아하는 것에 관심 가지고 꿈 목록 만들기

  부모는 아이의 꿈멘토다. 내 아이가 무엇을 잘하는지, 되고 싶은 건 뭔지 관심을 가져야 한다. 그래서 아이의 꿈과 연관된 꿈 목록으로 미래를 그려보자.

  ② 꿈 목록을 독서노트에 기록하고 관련된 책을 찾아 읽기

  우선 아이의 꿈이 이뤄지는 길로 안내할 꿈 목록을 독서노트에 기록한다. 그 다음은 아이가 되고 싶어 하는 분야의 성공한 사람의 이야기를 찾아 읽는 것부터 하자. 예컨대 아이가 원하는 성공한 사람이 되는 비법은

'적자생존'이다. 즉, 책을 읽을 때 '적어야 산다!'를 행동으로 옮긴다. 왜냐하면 성공한 사람들의 공통점은 모두 독서광, 메모광이기 때문이다.

원하는 미래상을 구체적으로 세웠다면 반드시 실천한다. 즉, 책을 읽다가 떠오르는 생각을 즉시 메모하는 습관을 가진다. '액션가면!'을 외치면서 매일 독서노트에 행동한 것을 기록한다.

③ 아이의 적성에 맞는 일을 찾아 그에 맞는 독서 하기

그 다음에는 아이의 적성에 맞는 일 찾기에 몰입한다. 아이의 꿈이 이뤄지는 길로 안내할 독서를 한다. 모든 성공은 긍정의 힘이 가져오는 결과물이다. 절실한 마음이 성공의 시작이다. 성공하고야 말겠다는 의지가 필요하다. 즉, 성공하는 사람의 마인드를 내 아이가 벤치마킹하도록 해야 한다. 그러나 현실에서는 대부분 우리 아이의 미래를 시험점수에 맞춰 결정하곤 한다.

적성에 맞지 않는 일을 하는 사람이 어떻게 성공할 수 있을까? 자신이 진정 하고 싶은 일이 뭔지도 모른다. 알아도 그냥 무시하고 취업만 하면 그럭저럭 밥은 먹고 살아간다. 중요한 건 일과 돈보다 아이의 꿈이다. 그런데 정작 내 아이의 적성을 찾기보다는 적성과 맞지 않는 회사의 구성원이 되어 주어진 일을 하면서 무미건조한 삶을 살아간다. 이런 현실에서 무슨 꿈을 이루겠는가?

독서와 꿈 목록이 성공을 부른다

성공한 사람들의 성공요인 중에서 가장 중요한 건 그들의 사고방식이다. 그들의 특별한 사고방식은 대부분 독서를 통해 이뤄졌다는 사실이다. 토머스 콜리의 저서『부자 되는 습관』을 보면 성공한 사람들은 무려 88% 이상이 하루 30분 이상 독서를 즐긴다고 한다. 반면 가난한 사람들은 2%만이 독서를 한다.

김밥 파는 CEO, 김승호의 저서『생각의 비밀』에서 그는 "매일 100번씩 쓰고, 100일간 상상하고 쓰고, 외쳐라!"라는 성공 마인드 훈련의 실천 강령을 매일 반복한다. 그는 어릴 때 가난을 떨치기 위해 미국으로 건너가서 흑인들이 많이 사는 동네에서 식품점을 시작했다. 수많은 실패를 딛고 일어나 지금은 이민한 한국인 중 가장 성공한 사업가 10인에 속한다. 그의 필살기는 바로 독서였다.

부자들은 좋은 집과 차를 갖고 명품 시계를 차고 브랜드 구두를 신는다. 그러나 이 모든 건 눈에 보이는 '물질'이고 물질을 지배하는 건 눈에 안 보이는 세계 즉, 마음의 '독서'다. 여기서 잠깐 김밥 파는 CEO, 김승호의 성공 일화를 들어보자.

미국에서 2,500여 개의 식품 매장을 소유한 크로거 본사의 담당자가 어느 날 김승호 회장을 만나러 왔다. 많은 경쟁업체보다 김 회장의 회사

이미지가 낮다고 말했다. 김승호 회장은 사업상 변수는 항상 있기 마련인지라 마냥 안심하고 있을 수는 없었다. 오히려 '그래. 위기는 기회다.'라고 생각했다.

그는 그동안 어떤 일을 성공시키고 싶을 때마다 해왔던 일을 시작했다. 그것은 바로 "이루고자 하는 것을 매일 100번씩 쓰고, 100일간 상상하고, 쓰고, 외쳐라!"라고 중얼거리는 것이었다.

"내 목표는 명확하고 구체적이었다. 미국 전역에 300개 매장을 세우고 1주일 매출이 100만 달러, 연간 5천만 달러를 달성하는 것으로 목표를 설정했다. 목표를 세운 지 121일째 되던 날에 기적이 현실로 나타났다."

텍사스 남부의 카우보이가 우글거리는 도시에서 생겨난 작은 도시락 회사가 2~3년 만에 미국 내 1위를 넘볼 정도로 성장했다. 김밥 파는 CEO, 김승호 회장의 생각이 현실이 된 것이다.

성공하는 사람들은 책을 읽고 꿈을 쓰고 실천한다

바로 그날 김승호 회장은 실무 담당자와 계약을 맺는 데 성공했다. 김 회장은 우리에게 "성공 마인드 훈련을 해봤어?"라고 물을지도 모른다.

그는 '매일 100번씩 쓰고, 100일간 상상하고 쓰고, 외쳐라!' 즉, 자기가 이루고자 하는 것을 명확하고 구체적인 목표를 정한 뒤 '적자생존'의 성공 마인드를 강화하는 것이 자신의 성공 비법이라고 말한다.

꿈을 이루고 성공한 대부분의 사람들은 대부분 독서가 보편적인 습관이다. 그들은 가까운 곳에 항상 책을 둔다. 책 속의 고수들의 이야기를 읽고 버릴 건 버리고, 취할 건 취한다. 독서 후 알게 된 많은 정보를 취사선택하여 자기 삶에 도움이 되게 한다. 독서에서 얻은 고급 정보와 지혜가 없다면 그들은 생존 경쟁에서 뒤쳐질 것이다. 따라서 배우기를 멈출 수 없다. 책을 펼쳐라. 그곳에서 항상 꿈의 여정을 펼쳐라. 더 높이 나는 새가 더 멀리 볼 수 있다.

성공한 사람들은 독서하면서 '내가 왜 이 책에 있는 이런 고급 정보를 몰랐을까? 책을 읽지 않았다면 영영 몰랐을지도 몰라. 앗, 하마터면 뒤처질 뻔 했다!'라고 소스라치게 놀란다. 독서에 대한 고마움을 잊지 않고 살아간다. 우리가 바쁘다고 독서하지 않을 때 이미 성공한 사람들은 아무리 바빠도 독서를 게을리하지 않는다는 사실을 기억해야 한다.

오늘도 꿈을 이루고 성공한 사람들은 꾸준히 독서한다. 독서가 가장 확실한 자기계발법이며 성공 마인드의 동력임을 알기 때문이다. 성공한 사람들의 성공 비법인 그들만의 독서 습관을 믿거나 말거나, 그것은 우리 마음에 달렸다.

자존감 클리닉 24

Q : 아이의 재능이나 잠재력을 키우고 싶다. 독서로 가능할까?

A : 아이들은 토끼처럼 빠르게 변한다. 사냥꾼은 표적을 놓치지 않으려면 늘 깨어 있어야 한다. 부모도 아이를 유심히 지켜봐야 한다. 아이의 외모만 아니라 내면까지 관찰해야 한다. 아이의 작은 행동 하나하나에도 이유가 있다.

"내 아이는 무엇을 할 때 몰입하는가?"
"내 아이가 간절히 원하는 것은 무엇인가?"
"내 아이는 어떤 일을 할 때 가장 만족스러워 하는가?"
아이의 재능과 꿈과 행복을 다 충족시킬 수 있는 일이기에 쉽지 않다. 꾸준히 독서하고 대화를 나눈다면 그 일을 해결하는데 도움이 될 것이다.

03
꿈 목록을 기초로 독서 리스트를 만들자

생생하게 상상하라, 간절하게 소망하라, 진정으로 믿으라.
그리고 열정적으로 실천하라.
그러면 무엇이든지 반드시 이루어질 것이다.
– 폴 J. 마이어(미국의 작가)

당장 독서 리스트부터 만들어라

바야흐로 인공지능로봇AI시대가 열렸다. 4차 산업혁명시대에 접어들면서 기존의 직업들이 사라지고 새로운 직업들이 만들어질 것으로 학계는 예측하고 있다. 놀라운 사실은 지금으로부터 10년 후에는 많은 종류의 기존 직업들이 사라지는가 하면 현재는 존재하지 않고 알지도 못하는 새로운 종류의 직업들이 전체 직업의 65%나 차지할 것으로 다보스포럼이 전망했다.

미래학자 앨빈 토플러는 그의 저서인『제3의 물결』을 읽는 한국의 독자들에게 특별한 메시지를 전했다.

"한국 학생들은 하루 중 10시간 이상을 학교와 학원에서 보낸다. 더욱 우려되는 점은 그곳에서 그들이 배우는 지식들이 미래 사회에는 이미 쓸모없는, 불필요한 지식이라는 사실이다. 미래 사회에 사라질 직업을 위해 많은 학생들이 시간과 에너지를 낭비하고 있다는 게 안타깝다."

한국의 교육 시스템에 대한 우려를 전한 것이다. 급변하는 시대에서 자연스럽게 지식도 변해가고 있다. 당장 눈앞에 주어진 문제를 풀기보다 새로운 시대에 나타날 미지의 문제에 대한 해결방안을 모색할 수 있는 능력을 갖춰야 한다. 결국 4차 산업 시대가 오더라도 인공지능로봇보다 강력한 힘은 인간의 창의융합적 사고력, 즉 생각하는 힘이다.

독서란 무엇인가? 정회일은 자신의 저인 『읽어야 산다』에서 "독서는 연애다!"라고 말한다. 왜냐하면 전혀 모를 때는 그 맛을 모르지만 한번이라도 빠져들면 결코 외면하거나 헤어날 수 없는 것이 바로 독서의 매력이기 때문이다. 책을 읽으면서 삶의 희로애락을 모두 맛보게 되고 자신도 몰랐던 자기 모습을 발견하면서 뜨거운 연애는 무르익어간다. '날카로운 첫 키스'의 추억은 온몸을 타고 전율감에 빠진다.

무엇보다 중요한 것은 연애는 머리로만 할 수 없다는 사실이다. 뜨거운 연애는 가슴으로 느껴야 한다. 책 읽기도 마찬가지다. 행동 없이 절대 변화를 기대하지 마라. 실천 없이 말로만 하고 기대하지 마라. 오로지 부지런하게 읽고, 치열하게 고민하고, 제대로 행동하며, 온몸으로 독서와 뜨거운 연애를 지속하길 바랄 뿐이다.

꿈 목록과 독서 리스트는 아이가 쓰도록 하라

내 아이의 꿈과 관련된 꿈목록을 작성한 후 독서 리스트부터 만들어라. 뻔한 내용보다는 흥미 있는 부분부터 찾아 읽으면 좋다. 많은 독서량보다는 적은 분량을 읽더라도 아이가 스스로 상상하는 독서가 되도록 한다. 읽은 내용을 음미하고, 질문하고, 아이가 써 내려가도록 해라.

후쿠하라 마사히로의 저서인 『하버드의 생각수업』에서 저자는 세계의 부자들은 일단 삶의 스케일과 마인드가 남다르다고 말한다. 한 친구가 부자들의 홈파티에 초대를 받고 "어떻게 가야 하나?"고 물으니 "헬리콥터를 몇 대 준비해뒀으니까 그걸 타고 옥상에 내리면 돼."라고 부자 친구가 말했다. 일단 마인드의 차원이 달라도 너무 다르지 않은가!

다른 친구의 집주소를 물었더니 "어떤 집주소? 뉴욕, LA, 모나코, 두바이 중 어떤 집?"이라고 되묻는 그 친구는 전 세계에 자기 집을 가지고 있었다. 우리는 '부'의 불편한 진실에 대해 잘 알고 있다. 우리는 보통 사람과 차원이 다른 CEO를 그다지 좋아하진 않는다. 다만 '부'의 위력을 거부할 수가 없을 뿐이다.

상상해보라. 만약에 사업에서 대성공을 거머쥔 미래의 내 아이가 막대한 돈을 가지고 무엇을 하게 될까? 30년 후, 내 아이는 어떤 생활을 하고 있을까? 내 아이의 미래를 바꿀 가능성을 심어줄 터닝포인트는 바로 지금이다. 보다 확실한 미래는 내 아이가 열정과 끈기로 매일 독서하는 지금에 달렸음을 명심하라.

부자의 독서 원칙을 아이에게 적용시키라

김현예 작가의 저서인 『책 읽는 CEO』 중에서 자타공인 독서광인 폭스바겐코리아의 CEO 박동훈 사장은 자신의 독서 5계명을 소개했다.

첫째, 흥미로운 책부터 읽어라.

둘째, 독서를 통해 스트레스를 풀어라.

셋째, 상상력을 총동원해서 나만의 영상물을 만들어라.

넷째, 집에서 부모가 먼저 독서를 시작하라.

다섯째, 바쁠 때는 종이책 말고 전자책을 읽어라.

눈코 뜰 새 없이 바쁜 부자 CEO들의 독서 세계를 내 아이에게도 소개하고 따라해보면 어떨까?

생선을 달라는 아이에게 생선을 잡아주는 게 아니라 '생선을 잡는 방법'을 가르쳐야 한다. 뿐만 아니라 생선을 잡고 싶어지도록 '동기유발'까지 고려해야 한다. 이 하브루타식 유대인교육은 세계인의 자녀교육에 접목시킬 만큼 유명하지 않은가. 2인 1조로 짝을 지어 문제해결방안을 찾을 때까지 열띤 토론을 하는 장면이 인상적이다. 아이가 궁금증을 가질 때마다 서로 질문하고 토론하여 답을 찾아가는 과정에서 아이의 '사고력'이 커진다.

독서를 통해 얻을 수 있는 것 중에서 미래 사회가 가장 우선시하는 건 아이의 사고력이다. 어떤 문제의 답을 아는 게 중요한 건 아니고 오히려 답을 찾아가는 자신만의 문제해결력이 더 중요하다. 미래 사회에서는 아이의 사고력이 필요하다.

이제 정리를 해보자. 과연 내 아이에게 무엇을 가르쳐야 아이가 알 수 없는 미래사회에 대비할 수 있을까? 잘 모르긴 해도 분명한 것은 불필요한 지식은 이제 그만 가르치자. 지금부터 더 이상 쓸모없는 지식을 배우기 위해 시간과 에너지를 낭비하지 말자. 또한 지식 독서보다 상상 독서로 갈아타라. 미래사회에 원동력이 될 '상상력'을 키우는 데 총력을 기울여라.

아이의 필수 성장 요소인 독서교육

교육동지인 남편을 만나 한 가정을 이루고 보니 제일 걱정이 된 것은 '내 아이들을 어떻게 키울까?' 하는 것이었다.

첫째 민선, 둘째 민진, 셋째 지태는 나의 '아바타'들이다. 아이들의 교육을 위해서 왕복 2시간이 걸리는 D광역시에서 통근을 할까 하는 생각도 해봤지만 현실이 녹록치 않았다. 내 근무지가 있는 K시는 아이가 자라기에는 더할 나위 없이 좋은 자연환경이다. 그런데 공기와 물만 먹고 아이가 잘 자란다고 말할 수는 없다. 나는 주말부부로 지내면서 아이들의 안전을 위해 시부모님과 합가를 했다. 물론 K시도 지금은 많이 바뀌었다. 그 무렵은 교육 환경의 불모지나 다름없던 때라서 아이의 성장을 위해 독서교육만 한 것이 없었다.

심리 교육학자인 장 피아제의 인지발달이론에 따르면 아이의 인지기능은 신체발달 정도나 연령과 환경의 영향으로 더 발달해간다고 한다. 자신의 딸아이를 키우면서 관찰한 내용을 바탕으로 정립한 학설이기에 더 신뢰감이 간다. 그의 학설의 핵심은 아이는 자신의 발달단계와 밀접한 정보를 열심히 포착하는데, 항상 행동하는 것보다 더 복잡하고 신기해 보이는 외부현상에 흥미를 느낀다고 했다.

농촌 환경이 나쁘지 않다는 것은 알지만 아이의 발달에 필요한 적절한 외부자극을 찾기 어려운 주변 환경이 아쉬웠다. 그래서 내가 선택한 것이 바로 '책 읽기와 한글교육'이었다. 어릴 때부터 책 읽기를 가까이 하는 성장 환경은 최고의 성과를 가져왔다.

성공 '노하우'를 발견하라

주변에서 성공한 사람을 보면 어떤 생각이 드는가?

'저 사람은 부모님을 잘 만나 유전자가 매우 우수한 거야.', '집안이 부자일 거야.', '유학을 다녀와서 학력과 스펙이 탁월할 거야.', '그가 성공한 것은 당연하지만 그에 반해 평범한 나는 결코 성공하지 못할 거야.'라는 생각을 한 적이 있는가? 물론 나 자신도 있다. 그렇다고 현실을 무시하고 이상적인 구호를 외치고 싶진 않다. 부정적이고 암울한 생각이 49%라도 '우와, 정말 멋져. 나도 저렇게 성공하고 싶다.'라는 생각이 51%라면 결과는 성공이다. 진정한 성공자의 자화상을 그린 것만으로도 일단 성공이다. 성공 마인드의 시각화는 강력한 자석 같은 힘으로 원하는 인생으로 나를 이끌어줄 것이다.

이미 성공한 사람들의 책을 읽고 가능하다면 그들의 강연회에 참석해보라. 그들의 성공마인드와 비법을 '내 것'으로 만들려는 노력을 해보는 것이다. 그들의 성공비결을 읽고 듣고 실천하는 벤치마킹을 해보는 거다. 성공한 사람들의 꿈을 벤치마킹하는 방법으로는 그들의 저서를 읽는 것이 가장 빠른 방법이다. 또 성공하는 사람들의 성공 습관을 하나라도 내 삶에서 써먹어야 한다. 그냥 책을 읽고 끝내버린다면 씨앗을 심지도 않고 수확을 기다리는 것과 같다. 각계각층에서 성공한 사람들의 노하우는 반드시 있다. 일단 그것을 발견하라. 발견하면 조금도 의심하지 말고 그들의 비결을 내 것으로 만들자. 그 어떤 성공도 쉽게 실현되지 않기에 고수들의 비법을 벤치마킹하려는 노력을 부단히 해야 한다.

　수박을 이리저리 굴리고만 있다면 그 맛은 영영 알 수가 없다. 일단 껍질을 까서 속살을 먹어보아야 그 맛을 안다. 마찬가지다. 성공한 사람들의 책을 읽고 일단 성공 노하우를 발견하라. 성공한 사람들의 경험치 중에서 내 것으로 만들고 싶은 항목을 골라라. 물론 이미 성공한 사람의 것을 그대로 따라한다고 나도 무조건 성공한다는 보장은 없다. 그러나 여행을 떠난다고 가정해보자. 자동차도 없이 지도도 없이 정처 없이 길을 떠날 수는 없지 않은가. 자동차를 몰고 지도를 가지고 간다면 훨씬 든든하지 않은가. 성공한 이들의 성공 노하우를 머릿속에 장착하고 꿈을 향해 강한 신념과 의지를 열정적으로 분출한다면 아이의 꿈이 이루어질 가능성이 크다.

　아이의 적성과 관심사를 고려하여 아이와 충분히 이야기한 뒤에 꿈 목록을 만들었다면, 그것을 기초로 직접 독서 리스트를 만들게 하라. 아이의 꿈과 비슷한 꿈을 꾸어 성공한 사람들, 위인들의 이야기를 읽으며 아이가 꿈을 제대로 생각하고 상상하게 하라. 꿈 목록을 기초로 한 독서리스트 만들기가 아이의 꿈을 구체화시켜줄 것이다.

자존감 클리닉 25

Q : 아이가 진정한 성공을 하도록 돕고 싶은데, 부모의 역할은 무엇이고 어디까지일까?

A : 아이가 어릴 적에 일어나는 작은 일들은 대부분 부모가 해결해 줄 수 있다. 그런데 아이가 10대로 진입하면 부모가 해결해 줄 수 없는 일이 대부분이다. 그래서 미리 아이의 두뇌 역량을 키워줘야 하는데 독서만 한 것이 없다. 책과 담을 쌓고 지내온 아이가 자존감 독서법을 안 뒤, 자기 용돈으로 읽고 싶은 책을 사가지고 와서 독서에 집중했다. 스스로 독서하는 태도를 가진 아이는 옳은 일을 하는 데 망설임이 없는 아이로 성장한다.

04
독서 기준을 내 아이와 함께 정하자

세상에는 두 종류의 사람이 있다.
자신이 할 수 있다고 생각하는 사람과 할 수 없다고 생각하는 사람이다.
물론 두 사람 다 옳다. 그가 생각하는 대로 되기 때문이다.
– 헨리 포드(미국의 사업가)

독서의 기준은 대체 어디에 두어야 하는가?

부모는 아이를 위한 독서코칭의 기준을 제대로 세우는 것이 중요하다. 이전의 부모 세대의 가치관으로 정하는 기준이 아니라 변화된 시대의 환경에 적합한 기준이라야 한다. 그렇다면 아이에게 적합한 독서의 기준은 어떻게 정해야 하는 걸까?

첫째, 부모가 아닌 아이를 기준으로 해야 한다.

즉 아이의 미래와 인생 설계에 도움이 되는 내용의 독서코칭이라야 한다. 먼저 아이의 꿈과 관련된 독서 목록을 정하는 일을 도와줘야 한다.

이때 부모와 아이의 관계에는 공감대가 형성되고 이를 바탕으로 상호작용 능력이 향상된다. 부모가 아이의 꿈과 관련된 독서 목록을 정하는 일을 도와주는 상호작용으로 아이는 문제해결능력을 배울 수 있다. 뿐만 아니라 아이의 관심사를 잘 알고 있는 부모가 탁월한 리더십을 발휘한다면 아이의 자존감도 시나브로 자란다.

둘째, 과거가 아닌 미래 사회를 기준으로 해야 한다.

즉 부모의 시대의 사고방식이나 가치관을 기준으로 독서코칭을 해선 안 된다. 시대는 변화하고 사회가 요구하는 것도 많이 달라졌다. 그 누구도 미래 사회를 정확히 알 수는 없다. 그러므로 부모와 아이가 함께 미래 사회를 준비하는 협력자가 되어야 변화하는 미래 시대에 적합한 정보력을 높일 수 있다.

셋째, 과거 경험이 아니라 변화된 현실의 특성을 기준으로 해야 한다.

부모가 겪은 현실적 경험의 세계는 아이의 현실과 많이 다르다. 부모가 겪은 현실적 경험을 기준으로 삼으면 아이에게 아무런 소용이 없을 수도 있다. 아이의 미래 사회와 상관이 없기 때문이다. 따라서 부모의 경험과 지식 기반을 벗어나 아이의 달라진 시대적 현실의 특성을 명확히 파악한 후 현실에 적합한 기준을 세워야 한다.

넷째, 부정적 시각이 아닌 긍정적 관점을 기준으로 해야 한다.

"이건 안 돼, 그건 안 돼."라는 부정적 관점보다 "하면 돼, 해볼래? 할 수 있을 거야!"라는 긍정적 생각을 바탕으로 가능성을 부여하는 것이 아이의 도전정신을 키우기에 좋은 독서코칭이다. 매사에 부정이 아닌 긍정을 기준으로 접근하는 사고방식을 가지게 해야 한다. 그래서 결론적으로 중요한 것은 아이의 자존감을 높이는 독서코칭이 되어야 한다. "하면 돼, 할 수 있을 거야!"라는 긍정의 힘을 키워줘야 한다.

완벽한 부모는 없다, 기준을 내 아이로 둬라

완벽한 사람이 없듯이 완벽한 부모도 없다. 다만 아이가 살아갈 미래 사회에 필요한 것을 보탤 수 있도록 제대로 도와줄 수 있어야 한다. 중요한 것은 소중한 내 아이를 위해 '나는 어떤 부모가 될 것인가?' 또는 '어떤 역할을 어디까지 하는 것이 바람직할까?'에 대한 고민을 하고 부모의 역량을 스스로 수정하고, 보완해나가는 자세를 지녀야 한다.

당신은 어떤 부모인가?

똑똑한 부모, 완벽한 부모, 성공한 부모, 충분한 부모, 좋은 부모 중에서 아이가 필요로 하는 부모는 좋은 부모이다. 시시콜콜한 일에서부터 아이를 쥐 잡듯 잡는 부모, 스스로 알아서 하라면서 아이를 나 몰라라 하는 부모, 은근히 아이를 지배하며 억압하는 아집형 부모라면 아무리 똑똑한 부모일지라도 아이의 발목을 잡는 거나 다름이 없다. 그러나 책 읽기 활동에서 구체적인 가이드라인을 알려주고 제대로 된 리더십으로 아이를 도와준다면 충분히 좋은 부모다.

아이가 성장하는 과정에서 부모의 역할이 중요한 것은 이미 잘 알고 있다. 그렇더라도 부모는 자녀 문제의 해결사는 아님을 명심해야 한다. 대부분의 부모는 눈에 넣어도 아프지 않을 내 아이의 멋진 독서 코치가 되고 싶은 마음이 있다. 그러나 그런 부모라 해도 자신이 할 수 없는 일까지 하려고 해선 안 된다.

김미옥 저자의 저서인 『13세 전에 완성하는 독서법』에서는 '책 읽는 아이가 공부하는 아이를 이긴다'고 한다. 어떻게 해야 내 아이가 진짜 공부를 잘 할 수 있을까? 그건 '메타인지능력'에 그 답이 있다. 아이가 아는 것과 모르는 것을 구분할 줄 아는 능력이다. 자신의 상황을 제대로 인식하고, 문제 해결에 필요한 지식을 활용할 수 있는 능력을 말한다. 책을 읽는 과정에서 아이가 기억하고, 추론하고, 이해하는 작업이 반복적으로 이뤄지면서 뇌의 다양한 기능이 활성화된다는 사실을 알리고 있다. 즉 '독서'에 달려 있다.

아이가 스스로 해내게 하라! 조급증을 버려라!

아무리 시대가 확 바뀌었다 해도 '독서'의 가치는 변함이 없다. 요즘 부모는 그 어떤 시대보다 바쁘게 살고 있다. 아이와 함께 책 읽는 모습이 흔치 않다. 그러나 어릴 때 반드시 들여야 하는 습관 두 가지만 꼽는다면 '독서 습관'과 '양치 습관'이다. 둘 다 내 아이 몸에 배도록 해줘야 한다.

부모는 아이의 일을 나서서 대신 해주는 사람이 아니라 아이가 스스로 해낼 때까지 기다려주는 사람이라야 한다. "늦어도 괜찮아. 천천히 읽어도 좋아!"라는 말을 하면서 부모는 조급증을 버려야 한다.

이것이야말로 훌륭한 독서코칭의 자세를 갖춘 부모의 모습이다. 남의 아이와 비교해서 아이를 다그치는 일은 절대 금물이다. 내 아이만의 읽기 속도를 존중하고 인정해줘야 한다. 아이가 스스로 책 읽기를 통해 상상하고 성장할 수 있도록 묵묵히 지켜봐야 한다. 아이와 함께 책을 읽고 이야기를 나누고 같은 그림책을 보면서 그림을 감상한다. 아이의 질문에 귀 기울여라. 아이는 자기의 생각을 표현할 줄 알고 상대방인 부모의 생각도 들을 줄 아는 아이로 성장한다.

좋은 부모는 아이의 문제를 발 벗고 나서서 처리하는 해결사가 아니다. 오히려 아이가 멋진 인생을 펼치도록 이끌어주는 코치라야 한다. 부모는 아이의 답답한 상황을 당장 해결해주고 싶어도 한 걸음 물러설 줄 알면 좋다. 멀찌감치 서서 아이가 스스로 문제해결방법을 찾아 해결할 수 있도록 아이의 가능성을 믿고 격려해주는 사람이면 더 좋다. 이 세상 모든 부모는 내 아이의 최고의 선생님이고 친구임을 명심하자.

자존감 클리닉 26

Q : 아이가 신뢰할 수 없는 행동을 할 때가 많다. 그럴 때도 부모가 항상 아이를 존중할 수 있는 특별한 비법이 있을까?

A : 아이가 하나의 씨앗이라고 생각하라. 그 씨앗은 때가 되어야 싹을 틔운다.

어미 닭이 달걀을 품을 때 여러 날을 식음을 끊는다. 바야흐로 부화의 때가 오면 밖에서 어미가 부리로 쪼고 안에서는 병아리가 부리로 알의 껍질을 두드린다. 이것을 '줄탁동시'라고 말한다. 이때 경이로운 생명의 탄생이 있다.

"부모는 조급증을 버려야 한다. 그리고 기다릴 줄 알아야 한다."

05
하루 1시간이라도 함께 책 읽고 대화하자

사람은 스스로가 성취하고 획득할 수 있다고 생각하는 대로 성장한다.
— 피터 드러커(미국의 경영학자)

아이에게만 읽으라 하지 말고 부모도 읽어라

"항상 깨어 있으라."

이 성경 구절은 널리 알려진 문구다. 잠을 자지 않고 깨어 철야 기도를 하라는 뜻일까? 그래서 어떤 사람은 종교행사로 철야기도회에 간다고 말했다. 그것보다는 내면에 잠들어 있는 잠재 능력을 찾아보라는 의미다. 동서고금 역사상 성공한 사람은 "항상 깨어 있으라."를 실천한 사람들이다. 내면의 목소리에 귀 기울이고 꾸준히 노력한 사람들이 꿈을 이룬 것이다.

"흔히 인문학하면 문학, 역사, 철학을 떠올리지만 그 핵심은 무엇이든 잘 배우게 해주는 공부법에 있다. 어떤 분야에서 특정하게 쓰이는 기본 어휘와 개념을 익히고 사실을 바탕으로 여러 가지 생각을 비교해서 상황을 판단하는 능력을 증진시킨다. 또 우리의 생각이나 지식을 적절한 말이나 글로써 다른 사람에게 설명해서 설득할 수 있는 능력을 훈련시킨다. 즉 기본적으로 인문학은 배움의 기술이다."

요즘은 '100세 시대'라는 말이 놀랍지 않다. 사람들의 생존 기간인 수명이 점점 더 길어지고 있다. 부모가 아이에게 독서 습관을 길러주는 것은 매우 중요하다. 읽기능력을 통한 배움의 기술을 장착하는 것은 아이의 생존과 직결되기 때문이다.

아이가 독서로 습득한 해박한 지식은 장차 어떤 위기가 닥쳐도 새로운 정보와 소통하는 관계능력과 자신감을 가지고 위기 상황을 쉽게 헤쳐 나갈 수 있는 지혜와 용기를 준다. 앞으로 수명은 더 길어져 아이들은 150세까지 살 수 있을지도 모른다고 한다.

그렇지만 아이에게만 성공 모델과 성공 노하우가 필요할까?

부모가 아이를 제대로 키우기 위한다면, 이미 자녀교육에서 성취를 이룬 부모를 롤모델로 그들이 쓴 교육서를 읽으면 좋다. 대표적인 부모역할의 롤모델은 5만 원 지폐의 모델인 신사임당이다. 폭넓은 한복 치맛자

락을 펼치고 수박과 꽃, 나비가 어울려 노는 '화조도'를 그리는 모습이 떠오른다. 예나 지금이나 여유롭고 운치 있는 부모의 모습은 자녀 교육의 모델이 아닐 수 없다. 오로지 자신을 믿고 자신감 있게 자녀교육을 해도 좋지만 자녀교육의 롤모델을 찾아 읽는다면 훨씬 많은 시행착오를 줄일 수 있다. 누구나 부모가 처음이다. 처음 하는 일에 대가는 없다. 익숙하지 않은 부모 역할의 불안과 두려움을 달래줄 힐링법이 바로 독서가 될 것이다.

함께 시간을 보내는 데서 교육이 시작된다

미국의 교육전문가로 대안교육기관을 설립한 CEO 리 보턴스는 『부모 인문학』에서 이렇게 말한다.

"아이에게 최초이자 최고의 교사, 부모. 아이들과 시간을 함께 보내는 데서 교육은 시작된다. 독서의 핵심은 무엇이든 잘 배우게 해주는 공부법이다. 하루를 마치기 전 우리들의 모습은 어떠한가. 어른들은 끝까지 TV앞을 지키고 아이들은 스마트폰을 만지작거리다가 각자 뿔뿔이 흩어져 자러 간다. 소통이 부족한 삶이 아닐까? 아이들이 잠들기 전에 책을 읽으면서 잠자리에 드는 모습을 상상해보라."

중학생인 아이가 하루 8시간을 학교에서 공부하고 밤늦도록 학원에서

머문다면 뭔가 잘못된 것이다. 학교에서 8시간 동안 기본 내용을 공부한 아이는 잠자기 전에는 하루 중 인상 깊었던 일을 떠올리거나 이야기 책을 읽으면서 단 30분이라도 쉴 수 있어야 한다. 그 대신 부모도 감사 일기를 쓰고 하루를 끝내면 행복한 삶이 먼 곳에 있지 않다.

21세기 세계의 경제는 하나만 잘하는 사람보다는 폭넓은 사회생활에 다양하게 적응할 줄 아는 창의적인 사람을 요구한다. 유태인의 부모교육 중에는 생선을 달라는 아이에게 물고기 잡는 법을 가르쳐준다는 말이 있다. 하루 중 적어도 아이와 1시간이라도 의미 있게 보내는 데서 교육은 시작된다.

진정한 교육은 아이가 성인이 되었을 때를 대비하는 힘을 길러주는 것이다. 매일 읽고 쓰고 대화를 나누는 힘을 길러주자. 아이가 열심히 공부하게 하는 최선의 방법은 부모가 함께 매일 독서하는 것 만한 게 없다. 아이가 할 일 없이 빈둥거리는 모습을 보며 '엄친아엄마친구아들'와 비교하고 불안한 마음에 아이를 밤늦게까지 배움의 장소로 내몰지는 않는지 부모는 정직하게 자신을 돌아보는 시간이 되길 바란다.

자존감 클리닉 27

Q : 집에 돌아오면 가족들이 텔레비전, 컴퓨터, 스마트폰에 정신을 빼앗긴다. 대화 없이 저녁시간을 보내고 각자 방으로 들어가 잠을 잔다. 독서로 이것을 해결할 수 있을까?

A : 요즘 SNS시대의 평범한 가정의 모습이다. 다양한 매체를 탓할 수는 없다. 가족이 함께 독서하는 시간을 정해 두고 하루 1,440분 중 40분이라도 책을 읽자. 가족이 자연스럽게 대화하는 수단으로 독서만한 것이 없다.

06
독후 활동을 절대 강요하지 말자

속도보다 중요한 것은 방향입니다. 방향이 있는 삶에는 실패가 없다.
– 하용조(한국의 목사)

강요되는 독후 활동이 독서를 막는다

우리나라 2015 개정교육과정에는 '한 학기, 한 권 책 읽기'가 있다. 독서의 중요성을 가장 많이 강조하는 나라도 우리나라이고, 독서를 가장 많이 하지 않는 나라도 우리나라이다. 국민들의 독서량은 형편없이 낮으면서 해마다 노벨문학상을 향한 욕망은 가장 높은 나라가 우리나라라는 해외 기사를 보았다. 정말 그럴까? 무엇을 근거로 그렇게 단정 지을 수 있는지 궁금해하면서 독서하는 광경을 찾아보았다.

독서는 취미가 아니다. 밥을 취미로 먹지 않듯이 독서도 생존 독서가 된 지 오래다. 전국의 도서관은 취업준비생들의 독서실이다. 『시골의사 박경철의 자기혁명』에서 저자 박경철이 말한다.

"책을 얼마나 많이 읽었느냐는 중요하지 않다. 거기서 무엇을 얻었느냐가 중요하다."

"세상은 넓고 읽을 책은 많은데, 돈 주고 산 책이라고 해서 억지로 다 읽을 필요는 없다. 반면 읽어나갈수록 점점 심장박동이 빨라지는 책들도 있다. 이런 독서 경험은 정말 큰 축복인데 이때 책은 삶의 위안이자 격려이며 무엇과도 바꿀 수 없는 희열이다."

나는 정말 그렇다고 격하게 공감한다. 가슴이 요동치는 독서는 '삶의 위안이자 격려이며 희열'이다. 요즘은 점점 더 책 읽기 환경이 나빠지고 있다. TV나 스마트폰의 영상물이 사람들의 시선을 독차지하는 시대이다. 내 인생의 멘토인 한 권의 책을 만나고 살기도 쉽지 않다.

아이들도 책을 읽을 시간적 여유도 없다. 그리고 읽고 나서 독후감상문을 써야 한다는 강박이 독서의 큰 부담이다. 그래서 책 읽기 과정 평가를 한 번 운영해보았다. 독서는 집에서 하는 것이라는 고정 관념을 바꾸었다. 읽을 책을 각자 준비해와서 함께 읽고 읽은 부분만큼 인상 깊은 내용을 발췌해보기로 했다.

『시골의사 박경철의 자기혁명』의 저자 박경철은 독서에 대해 다음과 같이 역설한다.

"'청년은 세상을 어떻게 읽고 소통해야 하는가? 청년은 자기성장을 위해 어떤 노력을 해야 하는가? 그리고 지금, 자기 삶의 주인으로 살고 있는가?'라는 물음을 던지고 청년은 철학자의 심장으로 고뇌하고, 시인의 눈으로 비판하며, 혁명가의 열정으로 실천할 특권이 있다. 그것이 자기혁명이며, 내가 주인이 되는 삶이다."

독서를 통해 하나라도 얻었다면 충분하다

독서는 인간이 의식과 주체성을 가진 존재로 살아가면서 필요로 하는 긴 교육과정의 일부다. 독서는 선택이 아니라 보편적 교육의 일환이다. 책을 통해 방대한 우주와 만나라. 다양한 학습변수들이 있지만 아무리 강조해도 지나치지 않는 것이 독서다. 독서는 타인의 지식을 빌리는 것이고 간접체험을 통해 지식교육에서 얻을 수 없는 지혜를 연마하게 해주고, 다른 사람의 생각을 읽고 이해하는 능력을 키워주며 다양한 분야를 통섭하는 방법을 알려준다. 따라서 독서는 도전이고 경험이며 무한한 가능성의 장이다. 누구든지 책을 통해 저자의 진짜 생각과 만나라.

현재 우리가 인식하는 것들은 과거의 흔적에 기반을 둔 것이다. 독자들은 과거의 흔적을 통해 이해하기 때문에 같은 책을 읽고서도 서로 다르게 해석할 수밖에 없다. 지금 내가 서 있는 세계, 책을 읽고 있는 나의 세계와 연결되어 있고 지금 이 순간에도 계속 상호작용을 한다. 즉 책을 읽으면서 독자들은 자신이 경험한 것을 배경 지식으로 떠올리며 책과 책 바깥을 넘나든다는 뜻이다. 현재 나의 경험세계와 책 너머의 세계를 연결하며 읽어야 한다. 그러므로 그것은 읽는 독자의 현재 세계와는 끊임없이 충돌할 수밖에 없다.

한 권의 책을 통해 차별적인 나의 세계를 구축하는 독서는 매력적이지만 결코 간단한 문제가 아니다. 그래서 독서는 늘 도전적이고 좋은 경험이다.

"독서는 얼마나 많이 읽었느냐가 중요한 것이 아니라, 한 권의 책을 읽더라도 저자의 사상을 이해하고 그것을 나에게로 끌여들여 내 생각을 교정하고 무엇을 얻었느냐가 중요하다는 것을 기억하라. 한 권의 책을 제대로 읽은 독서 경험은 큰 축복이다. 이때 책은 삶의 위안이자 격려이며 무엇과도 바꿀 수 없는 희열이다."

이런 저자의 말은 내 심장 박동을 빠르게 만들었다. 독서는 무한 가능성의 세계라는 것은 이미 내가 경험한 사실이기 때문이다.

독서 그 자체가 삶에 엄청난 선물을 준다

지방에서 태어나 자란 내가 D시립도서관에서 많은 책을 읽으며 보낸 청소년기가 오늘의 나를 만들어준 스승이다. 내가 대한민국의 교사로서 중고등학생들을 가르치면서 더 배우는 삶을 살게 된 원동력이 바로 독서다. 수행평가 과제를 제외하고는 아이들에게도 자율 독서를 권한다. 발신자인 작가와 수신자인 독자가 상호작용하는 소통 과정을 즐길 줄 아는 것이 독서의 숨은 매력이다.

내 삶에서 독서란 글을 매개체로 작가와 독자가 상호작용하는 소통과정이다. 방황하기 쉬운 청소년기에 문학, 역사, 철학에 대한 방대한 독서가 가져다준 선물은 엄청났다. 그것은 인간의 다양한 형태의 삶을 이해하는 데 필요한 안목과 통찰력을 길러줬다.

누구나 인간은 표현의 욕구가 강한 존재다. 즉 언어로 표현하고 문해력을 높인다면 내 사고의 영역도 넓힐 수 있다. 독서를 가까이 하면서 지낸 청소년기가 내 삶의 든든한 토양이 되었다. 일찍이 부모를 잃고 주변인의 보호를 받으며 보낸 청소년기에 자칫 삶의 음지로 걸어갔다면 나의 인생 행보는 어떻게 되었을까. 다행히 D시의 시립도서관에 묻혀 독서한 시간들이 위태롭던 청소년기의 길라잡이가 됐다. 다양한 책 속에서 펼쳐지는 시련과 역경은 현실 속의 내 삶과 비슷했기에 나는 활발하게 웃으며 들장미소녀 캔디처럼 살아갈 수 있었다.

'들장미소녀 캔디'란 중학생 때 내 별명이다. 내 어린 시절 삶의 플랫폼은 시련과 역경이었다. 그것을 물리칠 수 있는 힘은 바로 책 읽기였다. D시의 시립도서관이 폐관할 때까지 독서를 하다가 집으로 돌아오는 밤은 별들의 천국이었다. 나는 매일 밤마다 꿈을 꾸었다, 글 쓰는 작가가 되는 꿈을.

아이들도 마찬가지다. 아이들도 독서 그 자체를 통해 꿈을 꾸고 자유를 누릴 수 있다. 아이들에게 강요되는 독후 활동이 독서를 막고 있다면 다 무슨 소용인가? 독서를 즐기지 못하게 하고 독서에서 오는 배움을 부담스럽게 여기게 한다면 독후 활동이 무슨 의미가 있는가? 아이가 독후 활동을 부담스럽게 여기고 싫어한다면, 독후 활동을 강요하지 마라. 아이가 원하는 대로 하게 하라.

자존감 클리닉 28

Q : 빠르게 변하는 시대에 '독서'하는 것은 느리고 불편하다. 꼭 해야 할까?

A : 속도보다는 방향이 있는 삶의 주인이 되어야 한다. 책은 앞서 체험한 사람들의 생각을 담은 그릇이다. 이미 누군가가 심사숙고한 것들을 고스란히 써 놓았다. 읽기만 해도 누군가의 검증된 생각을 얻을 수 있다. 지금, 바꾸어야 하는 것은 나의 생각과 태도뿐이다.

07
책을 읽고 메시지를 직접 실천해보자

부자는 많이 '갖고' 있는 사람이 아니라, 많이 '주는' 사람이다.
– 에리히 프롬(독일의 심리학자)

스스로 행복할 줄 아는 아이는 미래가 밝다

"나는 지금 행복한가?"

"내 아이는 행복한가?"

이런 질문은 매일 떠올려야 할 만큼 중요하다.

"살아 있는 것은 모두 행복하라."라는 법정스님의 말씀처럼 우리는 모두 행복하기를 바란다. 우리나라의 교육정책이 아무리 바뀐다고 해도 우리 아이들의 미래가 지금보다 수월하지 않다는 예측이 크다. 게다가 아이 뒷바라지에 지쳐 있는 부모들은 아이의 교육 문제로 걱정이 많다. 아이를 어떤 기준에 맞춰 키워야 미래에 행복한 아이로 키울 수 있을지 막막하다고 한다. 지금까지 해온 것처럼 좋은 학군으로 이사 가고 유명 학원에 등록해서 이른바 맞춤식 명품교육을 시킨다고 해서 아이의 미래가 보장되는 것도 아니기 때문이다.

할아버지의 경제력, 엄마의 정보력과 아빠의 무관심이 아이 성공의 3요소라는 말이 있었다. 아이의 교육과 관련한 암울한 현실을 빗댄 유머라고 생각해봐도 웃음보다 씁쓸한 기분이 든다. 그중에서도 나는 엄마의 정보력 제공이 언제까지 아이의 문제 해결사 역할을 해 줄 수 있느냐가 관심사다. 늘 엄마가 해결해준다면 아이가 스스로 문제를 해결하는 능력을 갖기 힘든 것은 불 보듯 환한 일이다.

현명한 부모라면 참고 아이를 기다리라

가장 중요한 부모의 역할은 아이가 홀로서기를 제대로 할 수 있도록 도와주는 것이다. 아이가 우뚝 설 기회를 갖도록 세심하게 배려해야 한다. 만약 부모에게 의존하는 습관에 길들여진 아이라면 시시각각 변화하는 세상에서 스스로 해결하지 못할 일이 많아질 것이다. 결단력이 약한 아이가 될 가능성도 크다. 엄마의 탁월한 정보력으로 명문대학 입학까지 성공했다고 치자. 과연 어디까지 아이의 인생에 개입할 수 있을까? 아이가 커갈수록 부모의 역할이 미칠 수 있는 곳은 줄어든다. 그것보다는 아이가 스스로 자기 문제를 고민하고 해결책을 찾도록 믿음으로 지켜봐주자. 현명한 부모라면 아이의 행동이 안쓰럽고 답답해도 참고 기다릴 줄 알아야 한다.

아이의 행동이 다소 느리고 시원한 해결책을 내놓지 못하더라도 아이를 존중하고 격려해주는 부모 역할을 해보자. 아이의 미래를 위해서 그것이 좀 더 바람직한 양육 방법이 아니겠는가. 또한 아이의 자존감을 지켜주도록 배려해야 한다. 부모가 보기에는 답답해도 아이가 스스로의 힘으로 성장하는 데 꼭 필요한 영양제가 자존감이다. 자기를 아끼고 위하는 마음, 즉 자아존중감이 성장의 필수 영양분이기 때문이다.

일상 속에서 스스로 책을 읽는 아이는 이미 자신을 사랑하고 존중하는 자존감을 가지고 있을 가능성이 높다. 최소한 자존감을 성장시킬 에너지를 확보한 셈이다. 그런 동력을 가진 아이는 성장하면서 자존감도 높아진다. 그런 환경에서 자라는 아이는 행복한 아이다. 어른이 되어서도 행복한 삶을 추구할 수 있다. 아이가 무엇이든지 잘하도록 키우는 것도 중요하다. 그런데 아이가 실패했을 때 스스로 일어서서 다시 도전하도록 격려해주자. 자존감이 높은 아이는 스스로 도전하면서 행복감을 누린다.

부모는 일상에서 아이의 성공과 실패를 평등하게 대처해야 한다. 성공을 더 크게 칭찬하는 일은 삼가야 한다. 실패도 경험이라는 가치관을 심어주자. 그래야 아이가 행복한 삶의 주인공으로 살아간다. 행복감의 밑바탕은 자존감이기 때문이다. 일상에서 어떤 상황이 오더라도 아이의 자존감을 키우는 과정임을 잊지 말라. 어릴 때부터 아이의 자존감을 키워주는 일은 부모로서 의무이며 가장 중요한 역할이다.

'공부 말고 아무것도 못하는' 낮은 자존감은 분노 조절 장애를 부른다

"나는 최고의 부모 노릇을 하려고 최선을 다 했는데 내 아이는 왜 이런 행동을 하는 겁니까? 도대체 뭐가 부족해서 우주가 이러는 걸까요, 선생님!"

언젠가 학교 상담실을 방문한 우주 어머니의 안타까운 하소연을 들었다. 우주는 성적이 상위권에 드는 우수한 학생이다. 하지만 모범생은 못된다. 사소한 학교폭력 사건을 일으켜서 교칙을 위반하는 일이 잦기 때문이다. 우주는 왠지 내적 분노가 많이 쌓여 있는 아이였다. 우주는 분노조절장애 치료가 필요하다는 소견을 받았다. 학교생활 중 '욱'하고 참지 못하는 급한 성격으로 아이들에게 피해를 줄 때가 많다. 항상 말보다 발차기가 먼저 나간다. 공부는 잘하지만 친구가 없다. 그나마 동아리 축구부원이라서 아이들과 같이 축구를 한다. 그때마다 몸싸움이 벌어진 적이 많아 축구부에서 강제로 퇴출당했다.

상담 결과 우주가 유난히 분노 폭발이 잦은 이유를 알아냈다. 지나친 경쟁심의 밑바탕에 깔려 있는 우주의 낮은 자존감이 보였다. 사춘기 남학생들은 대개 공격성이 강해서 물리적 충돌이 자주 일어난다. 그런데 우주는 정도가 심각한데 전교에서 '트러블메이커'로 이미지가 고정되었다. 더 큰 문제는 우주는 자신의 잘못은 절대 인정하지 않고 상대방 탓이라고 강력하게 주장한다. 우주는 자존감 낮은 아이의 특징을 모두 지니고 있다. 오히려 친구들이 자기를 따돌리고 무시해서 폭력을 행사한다고 강하게 자기 합리화한다.

한눈에 봐도 우주의 어머니는 차분하고 단아한 성품을 지닌 사람으로 보였다. 그녀의 말씀대로 우주를 위해 최고의 부모 역할을 하신 것을 알 수 있었다. 집집마다 가정사정이 없진 않듯이 우주 어머니는 지금까지 우주를 거의 혼자서 키웠다고 했다. 아버지는 다른 도시에서 일해서 번 돈을 집으로 보내주고 주말마다 집에 오시는 생활을 해왔다. 그제야 이해가 되었다. 우주는 독재자형 아버지가 집에 오는 주말에는 숨을 죽인 채 '공부'만 했다. 물론 아버지의 강요에 따른 억압된 공부였다.

부모는 돈을 투자해서 키우는 아이가 똑똑하길 바란다. 공부 잘하는 아이이길 바란다. 그런데 '역지사지'해보자. 아이들은 부모에게 갈수록 돈을 더 많이 벌어오라고 강요하지 않는다. 물론 극단적인 예라고 볼 수도 있다. 부모가 아이들보다 한 수 아래라는 사실을 알라. 아이들은 부모에게 돈을 더 많이 벌어오라고 억압하지 않는다. 부모는 아이의 미래를 담보로 그 알량한 성적 올리기를 당부보다 억압에 가깝게 하지 않나. 우주도 마찬가지다. 주말마다 우주는 집에 갇혀 아버지의 눈치를 보며 상위권 성적을 위한 공부를 해야만 했고 부자간의 쌓인 분노를 학교폭력으로 해소하려 했던 것이다.

어처구니가 없는 상황이지만 엄연한 우주의 현실이다. "너의 미래를 위해 공부를 더 잘해라."라는 아버지의 엄중한 말씀은 거의 부모의 갑질 수준이다. 주말마다 아버지에게 억눌린 우주의 답답한 가슴의 상처는 학교에서 사소한 시비 끝에도 폭력으로 폭발했다. 바로 독재자형 부모의 양육 방식 아래에서 스트레스성 과민형 행동장애아로 자란 것이다. 억압형 양육으로 길러진 아이가 지니는 특징, 낮은 자아정체성과 자존감을 가진 전형적인 아이가 우주였다.

'내 아이는 혼자서도 해낼 수 있다'고 믿어라

우주는 혼자서도 공부할 수 있는 아이다. 그런데 지금 행복하지 않다. 친구 하나 없는 자신의 처지가 한심하다고 했다. 자신의 어떤 점을 고쳐야 하는지 알고 싶어했다. 우주는 방과 후 수업시간에 도서관으로 와서 책 읽기 프로그램에 참여했다. 자존감을 높이는 독서코칭에 참여해서 우주는 다양한 책을 읽으면서 잘 참아주었다. 놀라운 변화가 일어났다. 자신이 아이들을 때려눕힌 사건에 대해 아이들과 선생님들에게 미안한 생각이 든다고 했다.

　사람은 누구나 실수를 한다. 그 실수에 대한 반성의 자세가 중요하다. 무엇보다 같은 실수를 반복하지 않도록 해야 한다. 우주는 아버지에게 말 못하는 분노의 감정을 숨기고 있다가 자신도 모르게 폭력을 휘둘렀다고 했다. 얼마나 멀쩡한 아이의 정직한 고백인가.

　아버지에 대한 미움과 오해도 스스로 해결했다. 그동안 아버지가 내뱉은 공부하라는 강요는 부모로서 자신을 생각해서 '더 공부하라'고 당부한 것으로 이해했다. 어린 시절 집안이 가난해서 많이 못 배우고 고생하며 살아온 아버지다. 아들인 우주만큼은 이 길을 다시는 걷지 않게 해야겠다는 결심으로 우주에게 공부를 강요했음을 깨달았다. 『나의 라임오렌지나무』를 읽고 주인공 제제처럼 사랑의 힘으로 아버지를 이해할 수 있었다. 무서운 아버지지만 그 마음을 들여다보고 스스로 화해의 손을 잡았다.

　진심은 통한다는 말처럼 부자간의 사랑을 알게 되어 행복했다. 주말에 아버지와 우주는 마을 복지관에 나가서 함께 어려운 이웃을 돕는 봉사활동에 참가했다. 그들은 도움이 절실하게 필요한 이웃들에게 물심양면으로 도움이 되는 기부활동을 많이 했다.

책을 읽고 교훈과 느낀 점을 현실에 스스로 적용하게 하라

책은 단순히 글자만 읽는 것이 아니다. 독자에게 글이 주는 감동과 깨달음의 경지는 신의 축복이다. 꽁꽁 얼어붙은 사람의 마음을 마시멜로처럼 말랑하게 만드는 기적을 나는 직접 보았다. 우주는 성적은 상위권 학생이지만 친구 하나 없이 외로운 처지였다. 아버지에 대한 증오심을 폭력으로 해결하는 문제아였기 때문이다. 그런데 근신 기간 중 도서관에서 다양한 책을 읽고 인간의 도리를 깨닫고 부자간의 오해를 화해로 풀었다. 우주는 도서관에서 독서를 하면서 자신의 생각을 키우고 분노를 조절하는 데 큰 도움을 받은 것이다. 그는 책을 읽으며 점점 마음의 평정을 찾았다. 고생 끝에 얻은 보람이라서 나도 기뻤다.

우주처럼 책을 읽고 깨달은 교훈을 일상생활 속 실천으로 옮겨보게 하라. 무서운 독재자형 아버지도 아들과 함께 자원봉사 활동에 참여하는 기적이 일어날 것이다. 이처럼 아이가 책을 읽고 얻은 교훈을 관련 체험 활동으로 펼치게 하라. 그것은 아이의 성장을 풍요롭게 하는 데 크게 이바지한다.

자존감 클리닉 29

Q : '내 아이는 행복한가?' '오늘도 행복하셨나요?'에 대한 답을 잘 내릴 수
없다.

A : 아이가 책만 본다고 진정 행복한 것은 아니다. 책을 읽고 얻은 교훈
을 일상과 관련한 활동으로 펼칠 수 있도록 체험 기회를 만들어주자. 아
이가 세상과 연결될 때 훨씬 자아효능감과 자존감이 성장된다.

자존감 독서법 멘토링 4

우리 아이들은 모두 천재입니다

부모는 내 아이의 미래가 궁금하다. 내 아이가 어떤 일을 잘하며, 미래에 어떤 일을 하는 사람이 될까 항상 궁금하다.

세상의 모든 아이들은 원래 천재다. 그들은 각각의 소질과 재능을 타고난다. 하버드 대학 교육심리학자 하워드 가드너는 다음과 같이 다중지능이론을 주장했다.

인간의 지능은 언어지능, 논리수학지능, 음악지능, 신체운동지능, 공간지능, 대인관계지능, 자기이해지능, 자연탐구지능 등 8가지가 있다고 말한다. 대부분의 아이들은 이 가운데 2개 정도의 지능을 가지고 태어난다고 한다. 부모들이 자녀가 다재다능하기를 바라는 것은 매우 위험한 생각이다. 전 과목을 잘하는 아이는 오히려 고민이 크다. 왜냐하면 진짜로 자신이 잘하는 것을 알기가 어렵기 때문이다.

전 과목을 다 잘하는 아이를 바라는 부모들이 저지르는 어리석은 과오다. 다중이론에서 하워드 가드너는 사람은 한두 개의 재능만 가지고 태어날 확률이 높다고 한다. 그 재능을 발굴하는 일에 신경 쓰는 것이 매우 중요하다. 그 역할은 바로 부모가 담당해주어야 한다.

5장

아이에게 자존감 독서법이
필요한 이유

Self-esteem Reading

01
독서 습관이 더 나은 삶을 만든다

자존감은 자기효능감self-efficacy이다.
즉 자기에 대한 만족을 느끼길 원하는 마음과
자신이 쓸모 있는 존재라는 걸 아는 마음이다.
−류랑도(한국의 경영 컨설턴트)

왜 양치질을 하는가? 왜 책을 읽는가?

〈뉴욕타임스〉의 기자인 찰스 두히그는 저서 『습관의 힘』에서 "양치질은 어떻게 전 세계인의 습관이 되었나?"라고 묻는다. 즉 '새로운 습관은 어떻게 탄생하는가?' 1900년대 초, 클로드 홉킨스라는 미국의 유명 광고 전문가에게 옛 친구가 멋진 사업 아이디어를 들고 찾아왔다. 그 상품은 거품이 나는 박하향 혼합물, 즉 치약이었다. 그는 치약을 '펩소던트'라고 불렀다.

"혀로 당신의 치아를 느껴보십시오. 필름치태이 느껴지실 겁니다. 당신의 치아를 충치로 발전시키는 주범입니다. 펩소던트로 그 필름을 제거하십시오! 주변에 아름다운 치아를 가진 사람이 얼마나 많은지 둘러보십시오. 지금 수백만 명이 새로운 치약을 사용하고 있습니다. 왜 그대의 치아를 뒤덮은 거무튀튀한 필름을 방치하시는 겁니까?"

이 광고문이 탁월한 이유는 두 가지다. 첫째, 단순하지만 확실한 신호를 찾아서 보낸다. 둘째, 보상을 분명히 제시한다. 광고 전문가 홉킨스는 치태라는 신호와 아름다운 치아라는 보상을 찾아냈다. 그것만으로 홉킨스는 수많은 사람들이 스스로 양치질을 일상의 습관으로 받아들이도록 설득해냈다. 즉 적절한 신호와 보상을 찾아내면 마법의 지팡이를 손에 쥔 것과 같다.

더 나은 삶을 위해 독서하라

여기서 나는 광고가 탁월한 이유 2가지를 독서와 관련시켜서 예를 들어보겠다.

첫째, 영적 존재인 인간의 지적 욕구 충족을 위해 독서하라.

우리는 정신없이 바쁘게 사는 것을 좋아하지 않는다. 정신이 행복할 틈도 없이 바쁜 삶은 의미가 없다. 브레이크가 작동하지 않는 자동차가 위험에 빠지는 것은 시간문제다. 반면 삶이 우리를 힘들게 하더라도 진정한 위로가 있고 보람을 느낀다면 행복하다. 이것은 인간이 영적인 존재라는 명확한 증거라고 할 수 있다. 당신은 바쁘다는 이유로 당신의 영혼을 굶길 것인가? 진정한 행복은 자신과 밀도 있는 만남을 가질 때 발현된다. 하루 중 틈새독서를 하면 진정한 자아 발견이 주는 행복감으로 충만해진다. 인간은 빵만으로 살 수 없는 영적 존재이다.

둘째, 더 나은 삶을 위해 독서하라.

철학자이며 연세대 명예교수로 올해 97세를 맞이한 김형석 교수는 『백년을 살아 보니』에서 다음과 같이 말한다.

"나는 세계 여러 지역과 나라들을 여행하면서 크게 느낀 바가 있었다. 왜 영국, 프랑스, 독일, 미국, 일본이 선진국가가 되고 세계를 영도해가고 있는가. 그 나라의 국민들 80% 이상은 100년 이상에 걸쳐서 독서를 한 나라들이다. 이탈리아, 스페인, 포르투갈, 러시아 등은 그 과정을 밟지 못했다. 아프리카는 물론 동남아시아나 중남미에 가도 독서를 즐기는 국민적 현상을 볼 수가 없다. 나는 우리나라 어른들이 독서를 즐기는 모습을 후대에 보여주는 일이 무엇보다도 중요하며 시급하다고 믿는다. 그것이 우리들 자신의 행복이며 동시에 우리나라를 선진국으로 진입, 유지하는 애국의 길이라고 확신한다."

이것은 우리가 한번쯤 깊이 생각해봐야 할 '더 나은 삶을 위해 매일 독서하라'는 석학의 말씀이다.

무의식의 독서 습관이 당신의 삶을 만들어간다

습관은 우리 삶에 커다란 영향을 미친다. 아침에 늦게 일어나는 습관, 아침밥을 거르는 습관, 업무 중 자주 친구와 수다를 떠는 습관 등은 나쁜 습관이다. 반면에 아침에 일찍 일어나는 습관, 규칙적으로 아침식사를 하는 습관, 업무시간에는 업무에 방해되는 일을 하지 않는 습관 등은 좋은 습관이다. 물론 독서는 좋은 습관이다. 매일매일 자투리 시간을 붙잡고 독서를 하는 것은 좋은 습관이다.

낙숫물이 바위를 뚫는다는 말처럼 작은 습관이지만 좋은 습관을 몸에 붙이고 살도록 하면 어떨까. 좋은 습관을 가지겠다는 의지와 결심이 먼저 있어야 비로소 행동이 나온다. 습관의 반복 행동을 유도하는 신호와 보상을 알았다면 이제 좋은 습관을 찾으려는 의식과 그를 유지하려는 꾸준한 노력이 따라야 한다.

우리 삶에서 무의식적인 습관의 패턴들. 즉 밥 먹는 습관, 늦게 자는 습관, 시간을 낭비하는 습관, 가족과 무덤덤하게 지내는 습관 등은 우리가 이미 가지고 있는 습관이다. 습관을 바꿀 수 있다는 믿음과 확신을 가져라. 습관을 바꿀 수 있다는 걸 깨닫는 순간, 나쁜 습관은 버리고 좋은 습관을 가지겠다고 결심하고 실천하라. 그리고 하루 중 아이들과 독서하고 대화를 나누는 습관을 실천해보자.

우리의 행복한 시간을 결정하는 것은 우리 자신이 어떻게 마음먹기에 달렸음은 확실하다. 독서는커녕 가족 간에 대화도 하지 않고 산다면 '무늬만 가족'이란 말의 주인공이 된다. 변화를 성취하기 위해서는 믿음과 의지가 가장 중요하다.

미국 작가 윌리엄 제임스는 그의 대표작 『심리학의 원리』에서 이렇게 말한다.

"물은 자신의 힘으로 길을 만든다. 한번 만들어진 물길은 점점 넓어지고 깊어진다. 흐름을 멈춘 물이 다시 흐를 때에는 과거에 자신의 힘으로 만든 그 길을 따라 흐른다. 여기에서 물은 '습관'이다. 이제 우리는 그 물길의 방향을 돌리는 법을 알고 있다. 자유의지에 따라 선택한 물길에서 마음껏 헤엄쳐야 하지 않겠는가."

나쁜 습관은 굶겨 죽이고 늘 좋은 습관에 먹이를 줘라. 독서하는 좋은 습관에 매일매일 먹이를 줘라.

아이와 부모가 함께 독서 습관으로 살아라

'독서'라는 좋은 습관을 몸에 붙이고 살자. 그 습관이 행복과 성공에 미치는 영향은 이미 다 알고 있다. 살펴보면 성공한 사람들의 행동 특성을 보면 하나같이 '독서 습관'을 지니고 있다는 것을 알 수 있다.

부모가 성장기 아이와 함께할 수 있는 일 중에서 가장 효과적인 것이 독서다. 처음에는 어색하고 어려운 일처럼 여겨지더라도 충분한 시간이 지날수록 '독서'라는 좋은 습관이 자연스럽게 여겨질 것이다. 그것이 바로 '습관의 힘'이다. 부모가 원하는 대로 할 수 있는 일 중에 하나가 독서다. 부모와 함께 훈련하고 연습한 방향으로 아이는 성장한다. 우리도 변할 수 있다고 믿고 그 믿음을 습관화한다면 변화된 모습이 현실이 된다. 부모가 아이 스스로를 어떤 습관과 연결시키느냐에 따라 아이가 살아가는 세상이 달라진다. 습관의 힘은 우리를 내가 믿는 쪽으로 강력하게 끌어가는 것이다.

어떻게 해야 내 아이가 '더 나은 삶'을 향해 걸어갈 수 있을까? 생각해 보라. 자신만의 목적을 찾아 꾸준히 독서하라. 끝까지 매달리면 누구보다 성공할 수 있다. 내면의 잠재력을 활용하라. 꿈을 따라 재능이 있는 쪽으로 자기 능력을 계발하라. 열정이 있는 곳에 성공이 있다. 열정이 가리키는 방향에 아이의 꿈이 있다. 당장 눈앞에 길이 보이지 않을 수 있다. 시련을 극복할 용기와 지혜를 먼저 찾아야 한다. 힘이 들더라도 독서에 매달려야 한다. 자아 계발을 탐구하는 독서여행을 매일 떠나라. 아이의 생각과 마음의 성장을 위해 내면의 여행을 떠나는 것이다. 분명한 것은 독서를 통해 아이가 더 좋은 세상과 관계를 맺고 자신의 재능을 더 효과적으로 활용하여 보다 나은 삶으로 나아가게 될 것이다.

아이는 독서를 통해 날마다 성장하고 나아가 이웃과 세계를 위해 자신의 재능을 펼쳐 자기 역할을 충실하게 할 수 있다. 부모라면 아이가 매일 독서하는 습관을 기르도록 도와주자. 아이의 태도와 행동은 반복 훈련과 학습으로 만들어진다. 매일 독서하는 습관, 절대 미루지 마라.

5장_아이에게 자존감 독서법이 필요한 이유 |

자존감 클리닉 30

Q : 어떤 이유에선지 모르겠지만 아이가 힘들어한다. 다른 사람이 해결해줄 수 있는 문제가 아닌 것 같다.

A : "하늘은 스스로 돕는 자를 돕는다."는 말을 굳이 인용하지 않아도 독서는 스스로 문제를 해결하는 의지, 즉 '자력갱생'의 힘을 키운다.

"독서여행은 매일 떠날 수 있어. 네가 마음만 먹으면 돼."

독서라는 좋은 습관을 몸에 붙이고 살자. 아이는 독서를 통해 날마다 성장한다. 나아가 이웃과 세계를 위해 자신의 재능을 펼쳐 자기 역할을 충실히 할 수 있다. 부모는 아이와 함께 독서여행을 하자. 그럴 때 아이가 스스로 미래를 만들어갈 힘을 얻는다.

02
매일 독서하는 습관이 자존감을 키운다

오늘은 어제 생각한 결과이다.
실패한 사람들은 생존에, 평범한 사람들은 현상유지에,
성공한 사람들은 발전에 생각이 집중되어 있다.
—존 맥스웰(미국의 리더십 전문가)

문제를 해결하는 유연한 사고, 창의적인 사고

우리나라 2015 개정 교육과정에서 바라는 21세기 인재는 '창의 융합형 인재'이다. '창의 융합형 인재'란? 언제나 시대는 변화하고 있다. 이 시대는 단순히 부지런한 사람을 원하는 게 아니라 창의적 사고를 할 수 있는 역량을 요구한다. 획일화된 정답을 찾는 교육의 영역은 축소되고 있다. 오히려 하나의 정답을 찾는 사고에서 벗어나 사고의 유연성과 창의성을 요구하는 경향이 높아지고 있다.

경제시장에서 이익을 낳는 결정적 요인이 바로 창조성이다. 창조성의 중요성은 경제 영역뿐 아니라 사회의 전 영역으로 빠르게 퍼져나가고 있다. 미국 경제 개발학자 리처드 플로리다는 21세기를 '창조경제의 시대'라고 한다. 21세기 정보의 홍수 속에서 검증된 정보를 선택하고 재구성하여 새로운 아이디어로 만들 수 있는 창의 융합적 사고를 지닌 사람이 필요하다고 역설한다. 이처럼 시대의 요구는 바뀌었고 우리 아이의 교육 환경도 바뀌어야 한다. 무엇보다 아이들의 사고력 역량 강화에 더 신경을 써야 한다.

고대 철학자 소크라테스는 '너 자신을 알라'는 말을 남겼다. 가장 쉬운 질문이기도 하고 가장 어려운 질문이기도 한 말이다. 많은 세월이 지났지만 사람들은 진정한 자신을 알지 못하고 알려고 노력하지 않는다는 의미가 더 크게 와닿는다.

교실에서 "나는 누구인가?"라는 질문을 던지면 대부분의 아이들은 "나의 부모님은 누구누구이고 형제자매 중 몇 번째로 태어났다."라고 대답한다. 내 안에 있는 진정한 나에 대한 생각은 해본 적도 없다는 듯이 나와 관련 있는 주변인을 소개하면서 대부분 자기소개를 마친다. 이것은 우리나라 사람이 가장 싫어하는 '인문학적 대화'가 부재한 탓이기도 하다. 자신이 누군지 생각해보거나 자아정체성에 대해 생각해본 적 없는 우리의 현실이 낳은 결과다.

자존감이 낮은 아이는 문제해결 능력도 떨어진다

아이가 어릴 때에는 부모가 충분히 아이 일의 해결사가 될 수 있다. 사춘기에 들어선 아이는 부모가 모든 일을 해줄 수가 없다. 오히려 부모의 말을 잘 듣는 아이일수록 아이의 자존감이 낮을 가능성이 크다. 순종형 아이일수록 자존감이 낮을 가능성이 높다. 부모가 시키는 대로만 하고 자란 아이는 문득 자신의 내면이 텅 빈 것을 알고 더 큰 공허함을 느끼게 되기 때문이다. 그럴 때 주위 사람들에게 칭찬과 인정을 받으며 자기 내면의 공허함을 일시적으로 채우고자 한다. 즉 타인의 칭찬과 인정을 갈구하게 된다. 그런데 주위 사람들의 칭찬과 인정으로는 채워지지 않는 것이 자존감이다. 그래서 오히려 지나친 자존심만 내세우면서 스스로 주눅이 들거나 주변인에게 공격적으로 행동하는 경향이 생긴다.

나는 30여 년간 학교에서 중고등학생인 1318세대들과 함께 생활했다. 아이들과 함께 지내면서 자존감이 낮은 아이의 공통적 특징을 알게 됐다. 그들은 대체로 남을 비난하거나 험담을 많이 한다. 자신의 잘못을 절대 인정하지 않고 자기합리화를 강하게 주장한다. 또한 자신의 노력을 과소평가하거나 지나친 자기비하를 하기도 한다. 반면에 타인의 칭찬을 갈구하다가 자기가 만족을 얻지 못하면 상대방을 탓하고 쉽게 관계를 끊기도 하는 경향이 있다. 결국 자존감이 낮은 아이는 학교에서 원만한 인간관계를 지속하기 어려운 상황을 만든다. 그런 이유로 스스로 외톨이가 되어 원만한 친구관계를 맺지 못하고 힘들어한다. 요즘 이런 아이들에게는 개별 상담 지도가 이뤄지는 시스템을 운영한다.

구구단도 모르는 중학생 우진이가 공부를 결심하다!

우진이는 또래 아이들보다 성장이 느린 편이고 중학생인데 구구단을 모른다. 한글 읽기도 불안하고 단어를 정확하게 쓰지 못한다. 게다가 왜소한 체구에 책가방을 드는 것조차 힘들어 보인다. 조손가정에서 자란 우진이는 누군가의 보살핌이 필요한 때에 한글 공부를 놓친 것이다. 국어 시간에 아이들이 앉은 자리 순서로 돌아가며 책 읽기를 할 때다. 물론 우진이는 통과하고 다음 아이가 읽었다. 상황이 이렇다 보니 우진이는 자존감이 높을 수가 없다. 우진이는 항상 교실 한쪽 창가에 가만히 앉아 있다. 아이들이 놀거나 공부하는 모습을 우두커니 바라볼 때가 많다. 한창 보살핌이 필요한 아동기에 조손 가정에서 자란 우진이는 몸도 마음도 부족한 아이로 자란 듯해서 안쓰러웠다.

수업시간에 안쓰러운 마음으로 만나던 우진이가 나를 찾아왔다. 우진이가 초등학교 국어책을 들고 와서 한글 공부를 하고 싶다고 말했다. 나는 창피함을 물리치고 배움에의 열정을 가진 우진이 행동에 감격했다. 어려운 가정환경에 처했지만 자존감이 높은 아이로 자란 우진이가 대견했다. 책을 읽을 수 있게 한글 공부를 하고 싶다고 말하면서 당당하게 나의 도움을 요청했다. 사람의 마음을 얻는 일은 천군만마를 얻는 것보다 더 소중하다는 말처럼 나는 우진이의 마음을 얻은 것이 기뻤다.

아이들은 겉모습만으로 속단하면 실수한다. 나보다 먼저 용기를 내서 국어책을 읽고 싶다고 말한 우진이는 자존감이 높은 아이다. 자신을 위하고 존중하는 마음을 지니고 있었다. 이처럼 아이들의 마음은 유연하다. 아무리 바쁜 일상이라도 자신을 도와달라고 손을 내민 아이를 뿌리칠 수는 없다. 우리는 점심시간에 도서실에서 만나기로 했다. 우진이의 공부란 책을 보고 문장을 노트에 필사하는 것이다. 목이 타는 갈증을 풀어주는 샘물처럼 우진이의 한글 공부는 속도가 빠르게 진행됐다. 자기가 먼저 한글 공부를 도와달라고 한 사실을 기억하는지 우진이는 시간 약속을 잘 지켰다. 바쁜 일정 중에 자신을 돌보는 나를 배려하는 우진이의 행동이 내게도 보였다. 그것은 숙제를 꼬박꼬박 해오는 것으로 충분히 증명했다.

우진이는 어릴 때 부모님과 헤어져 할아버지 손에서 컸다. 그 바람에 한글 공부도 제대로 못했다. 우진이는 7년 동안 아이들에게 '바보아이'로 놀림을 받으며 지냈다. 나는 우진이에게 보란 듯이 국어책을 읽으면 친구들이 바보아이라고 놀리지 못한다고 한글 공부의 동기부여를 강조했다. 한글 공부는 동화책으로 한글 읽기부터 완성하고 단어와 문장 받아

쓰기 훈련을 반복했다. 우진이의 한글공부는 생각보다 빠르게 일신우일신日新又日新하여 성취수준에 도달했다.

자존감이 높으면 문제를 해결하는 힘이 강해진다

아이의 배움에 대한 갈증은 물을 적신 스펀지처럼 지식을 흡수했다. 중1 때 한글 공부를 완성하고 2학년이 된 우진이가 수업시간에 책을 잘 읽는다는 소식을 들었다. 지난해에 나와 함께한 우진이의 한글 공부는 대성공이었다. 7년 동안 갈망했던 공부가 아니었던가. 더 놀라운 사실은 우진이가 내게 직접 쓴 한 장의 편지였다. 그 편지를 통해 제주도에서 일하는 우진이 아빠가 매달 양육비를 보내준다는 사실도 처음 알았다.

우진이는 자신이 필요한 한글공부를 내게 요청했다. 자신에게 꼭 필요한 것을 쟁취하는 것이 진정한 자존감이다. 무엇보다 우진이가 자존감이 살아있는 아이란 것이 다행이었다. 우진이의 용기와 열린 마음이 고마웠다. 중학교 2학년이 된 우진이는 한글 바라기반에서 졸업했다. 이것이야말로 진짜 공부다. 씩씩하게 자라는 우진이 모습이 참 보기가 좋았다.

그 후 달라진 우진이의 몸과 마음의 성장이 한눈에 보였다. 아이들의 이런 변화가 갖는 의미에 대해서 생각해본다. 우진이는 지난 7년 동안 '바보아이'로 놀림을 받으며 자랐다. 상상이 가는가? 그런 상황이라면 누구라도 자존감이 땅바닥에 닿았을 것이다. 세상만사가 싫을 것이다. 그런데 우진이는 자신을 내동댕이치지 않았다. 스스로 일어설 각오를 했다.

　어른들의 관심과 보살핌이 필요한 시기에 무방비 상태로 내몰린 아이가 얼마나 불안감이 컸을까. 한글도 못 읽는 '바보아이'로 지낸 7년간의 불안감을 떨치고 우진이는 스스로 배움의 길을 찾고 추락한 자존감도 일으켜 세웠다. 친구들처럼 국어책을 읽고 싶은 소망과 자신감을 갖기를 원했다. 쪼그라든 자존감을 살리기 위해 스스로 한글공부를 선택했다. 부모에게 제때에 보호를 받지 못하고 보낸 어두운 아동기를 스스로 날려버렸다. '그래 우진아, 좀 늦어도 괜찮다.' 당당히 청소년기를 걸어가는 우진이에게 갈채를 보냈다. 나는 가르치면서 배우는 곳이 교육 현장이라는 사실을 새삼 느꼈다.

　이처럼 아이의 자존감과 내적 동기가 긍정적인 목적의식으로 변화하는 데 큰 역할을 한 결과다. 아이의 구겨진 자존감을 펼쳐서 높이 날 수 있도록 도와주자. 아이의 자존감을 되찾는 현실적이고 구체적인 활동에 동참하는 것이 부모나 어른들의 역할이다. 아이에 대한 부모의 무관심은 직무유기다. 아이가 하면 할수록 즐겁고 기쁘게 할 일을 찾도록 적극적으로 돕자. 다만 부모는 묵묵히 기다려줘야 한다. 아이의 자기 결정권을 존중하라.

전학생 연우가 거짓말을 지어낸 이유는?

독서로 아침시간 관리를 잘한 연우를 소개하겠다. 연우는 중학생이 되면서 시골 할머니 댁으로 와서 살게 되었다. 소위 조손가정의 학생이다. 작은 키에 유난히 눈이 큰 연우는 별명이 '놀토놀란 토끼'다. 연우는 학교에 제일 일찍 오는 아이다. 집에 혼자 있기가 싫어서 빨리 등교한다고 했다. 연우는 부모님과 헤어져 할머니 댁으로 오게 되면서 자존감이 위축되었다. 할머니도 생계비를 벌기 위해 일터로 일찍 출근을 하신다. 빈집에 혼자 있기 싫어서 일찍 등교한 연우는 화장실 세면대에서 세수를 한다. 그때마다 화장실 안에서 사람이 대화하는 소리가 들린다고 말했다.

내가 이 이야기를 들은 것은 어느 비 오는 날 오후 수업 시간이었다. 이이야기가 아이들 사이에 퍼지자 네 번째 화장실 칸에는 아무도 들어가지 않게 되었다. 비가 와서 우중충한 분위기에서 아이들은 '학교 화장실 이야기'를 반신반의하면서 진지하게 들었다. 가장 처음에 누가 말했냐고 물었더니 아이들은 '지연우'라고 일제히 대답했다.

연우는 처음에는 초등학생 고학년으로 보이는 여자애가 나타났고 얼마 전부터는 그 여자애가 초등학교 저학년으로 보이는 남동생과 함께 나타난 것을 직접 보았다고 말했다. 내 앞에서 고개를 떨어뜨리고 시선을 피하며 말하는 연우의 이야기가 사실이 아닌 것을 나는 직감적으로 알았다. 거짓말을 하는 이유를 따져 묻지는 않았다. 한창 예민한 사춘기인 연우를 전문 상담교사에게 소개하고 상담을 의뢰했다.

부모를 떠나 시골에 온 연우는 무척 외로웠다. 서울에서 네 명의 가족이 행복하게 살던 시절을 몹시 그리워했다. 중학생이 되면서 가정 형편상 연우만 할머니 댁으로 내려와 살게 되었다. 연우의 상담 결과에 따르면 평소 연우가 말이 없는 건 친구와 가족으로부터 떨어져 살게 된 충격이 컸기 때문이고 특별한 정신적 문제는 없다고 했다.

독서 습관으로 자라나는 아이의 자존감

전문 상담교사와 상담을 마치고 연우가 점심시간에 도서관에 올 때마다 나와 같이 책을 읽었다. 연우는 학습 만화책을 즐겨 읽었다. 나는 구태여 권장도서 목록을 강요하지 않았다. 말이 없는 연우에게 읽은 책 이야기를 듣고 싶다고 졸라 연우가 계속 말을 하도록 했다. 나는 연우가 읽은 책 이야기를 경청을 하고 질문도 했다. 연우는 역사 속 인물에 대한 이야기를 좋아했다. 책을 읽고 자유롭게 이야기를 하는데 연우는 신이 난 듯 했다. 신기하게도 우리는 마음이 잘 통했다.

이 얼마나 놀라운 일인가. 그 무렵 연우로부터 놀라운 고백을 들었다. 아이들이 말하는 학교 화장실 귀신 이야기는 자기가 꾸며낸 이야기라는 것이었다. 나는 심장이 '쿵' 했지만 표정은 아무렇지도 않은 척 무심한 듯 "그랬구나, 왜 그런 거짓말을 했니?"라고 물었다. 연우의 대답은 뜻밖이었다.

"이 학교에는 친구가 없어서 너무 외로웠어요. 아이들이 내 이야기를 귀를 쫑긋하고 들어주는 것이 좋아서 계속 화장실 귀신 이야기를 아이들에게 꾸며서 해줬어요. 나의 이야기를 들으러 아이들이 몰려오는 게 너무 좋았어요."

나는 연우가 안쓰러웠다. 연우의 '화장실 귀신 이야기'는 전학생으로서 새로운 환경에 적응해나가기 위한 몸부림이었음을 알 수 있었다. 할머니가 새벽일을 나가시고 아침 일찍 등교하는 연우에게 나는 여러 권의 책을 추천하고 독서를 하도록 권유했다.

다행스러운 일은 연우가 어릴 때 부모와 함께 살 때 독서 습관이 몸에 배었다는 것이다. 연우는 아침 독서를 즐겼다. 중학교 1학년을 마칠 때까지 해리포터 시리즈를 계속 읽었다. 연우는 영화로 본 해리포터보다 자신이 직접 상상하며 책을 읽는 것이 더 재미있다는 것을 아는 아이였다. 독서의 묘미를 잘 알고 꾸준히 아침 독서를 했다. 책 읽는 아이로 소문이 난 연우를 좋아하는 친구들이 생기면서 자존감을 되찾고 학교생활에 적응도 잘했다. 독서를 하면 할수록 독자의 자신감과 자존감이 높아진다는 당연한 결과다.

책을 친구로 둔 아이는 자존감이 높다

때로는 독서가 참 좋은 친구다. 책 속의 인물들이 나와 함께할 친구다.

특히 질풍노도와 같은 사춘기 시절에는 언제 어떻게 변덕을 부릴지 모르는 어설픈 친구를 사귀는 것보다 책 속의 친구를 만나는 것이 정서적 안정에 도움을 주기도 한다.

가난한 집안의 가장으로서 줄줄이 달린 자식들 뒷바라지에 몹시 지친 아버지를 위로할 줄 아는 『나의 라임오렌지 나무』의 제제는 아버지로부터 이해받지 못하는 자신이 아무짝에도 쓸모없는 존재라고 슬퍼한다. 그런데 새로 사귄 친구 뽀르뚜가가 제제보다 훨씬 나이가 많지만 진실한 마음을 이해할 수 있다면 진정한 친구가 될 수 있다는 인간관계의 새로운 장을 소개한다.

'하필이면 나는 왜 강아지 똥으로 태어났지? 아무도 날 좋아하지 않아.'라며 낮은 자존감으로 훌쩍이던 강아지똥은 비가 온 날, 민들레의 영양분으로 녹아 땅 속으로 들어간다. 그리하여 강아지똥은 드디어 허물을 벗고 눈부신 날개를 단 나비처럼 변신한다. 자신이 화창한 봄날 민들레를 꽃피운 일등공신으로 부활한 것을 알고 자존감을 되찾는 『강아지똥 이야기』.

아이가 책을 읽으면 다양한 책 속 '친구'를 만날 수 있다. 꿋꿋하게 꿈을 이루는 친구, 변함없는 사랑을 전하는 따스한 친구, 진정한 위로와 격려를 가슴속 깊이 간직하게 해줄 친구들이다. 청소년기에 가슴 떨리는 감동을 간직한다면 영원한 삶의 동반자가 아닐까.

　내 아이가 독서를 하면 세상을 보는 안목이 생긴다. 글을 읽지 않고 글 내용을 이해하는 왕도는 없다. 즉 독서는 그 무엇도 대신할 수가 없는 일이다. 따라서 4차 산업혁명시대가 오더라도 독서는 아이가 읽고 또 읽도록 독서 습관을 길러줄 수밖에 없다. 독서는 꾸준한 훈련이 필요한 일이다. 부모가 줄 수 있는 최고의 선물은 잘 길러진 독서 습관으로 자라나는 아이의 자존감이다.

자존감 클리닉 31

Q : 끈기가 없는 건지, 아이가 끝까지 하는 일이 없다. 책 한 권도 다 읽지 못한다. 어떻게 해야 할까?

A : "넌 책을 아주 잘 읽는 아이구나. 우와, 이것은 정말 대단한 일이야."
아이가 책 한 권을 끝까지 독파하는 힘을 가지는 것도 만만치 않다. 책을 읽었다면 아이에게 적절한 칭찬과 보상을 반드시 해주면 좋다. 아이에게 책을 끝까지 완독한 의미를 인식시키면 독서에 대한 새로운 동기부여가 된다. 대부분의 성공은 끝까지 해내는 힘이 차지할 가능성이 크다. 독서에 대한 자신감은 아이의 자존감 성장으로 이어진다.

03
자존감 높은 아이가 행복하다

긍정적인 마음가짐은 영혼을 살찌우는 보약이다.
– 나폴레온 힐(미국의 작가)

칭찬의 말이 아이들의 자존감을 자라게 한다

해마다 모내기가 한창인 5월이면 아이들은 하복차림으로 등교를 한다.

"안녕하세요? 선생님!"

"응, 제이구나. 넌 하복 입은 모습이 더 예뻐 보이네."

"우와, 선생님 말씀이 정말이세요?"

"그럼, 정말이지."

아침 등굣길에서 내가 제이에게 던진 말 한마디가 아이를 온종일 웃게 만든다. 아이들은 작은 칭찬에도 크게 기뻐한다. 이 마술사 같은 칭찬의 말이 아이들의 기분을 좋게 만들고 자존감도 쑥쑥 자라게 한다. 고래도 춤추게 한다는 칭찬이 어디 아이에게만 필요한 것인가.

얼마 전 입학식 때 많은 학부모 속에서 옛 제자를 만났다.

"선생님, 저 ○○졸업생인데 기억나시는지요?"

"그럼, 자네 혹시 민경이 아닌가?"

"어머나, 어떻게 제 이름을 기억하고 계시는지 너무 놀라워요!"

"그래, 옛 제자라고 이름을 다 잊은 건 아냐."

"사실 제가 선생님을 늘 가슴에 간직하고 지냈어요. 한창 외모에 신경을 쓸 중2때 제게 해주신 말씀을 지금도 감사하게 생각하기 때문이에요. 그때 제가 외모 콤플렉스로 심하게 방황할 때였어요. 어느 날 선생님께서 제 두터운 입술은 세계적 배우인 '브룩 쉴즈' 같은 백만 불짜리 입술이라고 말씀하셨어요. 그 후 아이들은 제게 '브룩 쉴즈'라는 별명을 달아줬고 제 두터운 입술을 더 이상 놀리지 않게 됐어요."

"그랬어? 네겐 참 다행스런 일이었구나!"

"이번에 제 딸인 유나가 중1이 되어 제 모교에 입학했어요. 그런데 제 딸의 입술도 저를 닮았어요. 사춘기가 시작되니까 제가 그랬던 것처럼 외모 콤플렉스에 빠질까 봐 걱정이에요. 딸내미가 성격이 소심하고 기가 여려서 혹시 아이들의 놀림이라도 받을까 불안해요."

"그래? 내가 자네 딸 유나를 한 번 만나볼게. 너무 걱정하지 마."

신입생 입학식에서 만난 제자는 자신이 겪었던 외모 콤플렉스가 자기를 닮은 아이에게 그대로 이어질까봐 몹시 두려워했다. 그날 이후 나는 제자의 딸 유나를 유심히 지켜보았다. 그런데 유나는 한눈에 봐도 활발하고 생각이 깊은 아이였다. 그런 유나의 마음을 가족을 소개하는 발표 시간에 확실하게 알 수 있었다. 가족 소개 때 유나는 엄마를 닮아서 눈, 코, 입이 크게 생겨서 좋고 키가 큰 엄마처럼 자기도 크고 싶다고 말했다. 제자가 그토록 걱정하던 외모 콤플렉스를 아이는 오히려 닮고 싶은 장점으로 여기고 있었다. 유나는 K시청 공무원인 엄마가 사회복지 관련 일을 하면서 어려운 이웃을 열심히 돕는데 자기도 엄마처럼 어려운 사람들을 도우며 살고 싶다고 했다. 옛 제자의 걱정은 기우에 지나지 않았다.

사춘기 때 방황을 했던 엄마지만 외모 콤플렉스를 물리치고 당당하게 살아온 부모의 모습은 아이의 자존감으로 대물림된 것이다. 제자가 걱정했던 외모 콤플렉스를 아이가 물려받으면 어떡하나 싶었지만 당당하게 사는 부모의 모습을 보고 자란 아이는 부모를 롤모델로 삼을 만큼 높은 자존감을 지닌 아이로 자랐다. 외모 콤플렉스를 극복하고 당당하게 살아가는 제자 모녀를 보니 흐뭇했다. 이처럼 아이의 자존감은 부모로부터 대물림된다.

누구나 현대 사회에서 잘 살아가기가 쉽지 않다. 부모나 아이의 삶의 조건들이 까다롭고 복잡해지면서 삶과의 전쟁이 시작된다. 현실에서 지쳐 있는 부모는 아이를 어떻게 키워야 잘 키우는 것인가가 가장 큰 고민이다. 아이가 삶의 전쟁에서 뒤처지지 않게 하려고 부모는 온갖 정보를 끌어와 아이에게 접목시키기에 여념이 없다. 우리나라 대도시의 한 초등학생의 일기를 읽은 적이 있다. 초등학생이 다니는 학원이 수없이 많았다. 영어와 피아노는 기본기를 익혀야 하고 수학 부진아가 되면 실패자가 되니까 수학학원을 가고 과학도 학원에 가서 실험실습을 하고 탐구보고서를 쓴다. 미술학원을 가고 독서와 논술공부를 학원에서 한다. 또 제2외국어를 하나 이상 배우고 체력 단련을 위해 태권도와 수영은 기본이다. 이른바 과유불급이다. 뭐든지 지나침은 모자람만 못한 것은 만고불변의 진리다.

아이의 행복은 자존감을 키워주기에 달렸다

현명한 부모라면 '내 아이에게 무엇을 더 접목시킬까?'에 대한 생각보다 '내 아이에게서 줄여야 하는 헛된 정보는 없나?'를 신중하게 살펴야 한다. 명석한 두뇌운동을 위한 바둑까지 배우면 10가지가 넘는다. 요일을 바꿔가면서 다닌다고 해도 하루에 2~3곳을 가야 하는 셈이다.

부모는 금쪽보다 귀한 아이에게 아낌없이 투자를 했기에 가성비가 좋은 아이를 기대하며 알게 모르게 부담감을 주기 마련이다. 게다가 부모는 내 아이만 뒤질세라 여기저기서 정보를 얻어다 아이에게 접목시킨다. 실력 있는 엄마는 아이의 수행평가를 대신 해주기도 한다. 아이의 점수 관리사를 자청한 것이다. 부모는 삶에서 지칠 대로 지치고 아이들의 뒷바라지하느라 정신이 없다. 교육관계자들을 만나서 자녀 상담을 한다. 여전히 몸은 바쁘고 정신은 혼미한 채 하루하루를 사는 것이다.

"나는 부모로서 최고의 노력을 다 했는데 내 아이는 왜 이 모양일까요?"라는 하소연이 나올 만도 하다. 그러나 느리게 자라는 아이를 바라볼 때 아무리 급해도 바늘 허리에 실을 매어 쓸 수 없듯이 부모의 조급한 마음은 절대 금물이다.

자존감이 낮다면 행복할 수 없다

아이가 10곳이나 넘게 학원을 다니면 다양한 재능을 소유한 아이로 자랄지는 모른다. 그러나 자아존중감이 낮은 아이라면 곤란하다. 즉 자존감이 낮은 아이가 성공했다는 것은 꼭두각시처럼 엄마 말대로 자랐다는 것으로 아이는 속 빈 강정이다. 작은 충격에도 으스러질 것이 분명하다. 한 번 쓰러지면 오뚝이처럼 일어나기가 쉽지 않다. 어른이 되어서도 매사에 자기결정권을 행사하지 못하는 우유부단한 성격을 지닌다면 그제야 다 자란 아이에게 자존감을 가르치기는 어렵다.

아이의 행복은 자존감을 키워주기에 달려 있다. 자존감이 높은 아이가 성공한다. 삶의 간접 경험으로 아이가 행복을 느끼는 방법으로는 독서

만한 것이 없다. 아이가 어릴 때부터 다양한 형태의 세상을 볼 수 있도록 독서하는 습관을 길러줘야 한다.

스스로 질문하고 답을 찾아보는 훈련을 통해 사고력과 문제해결력을 키워줘야 한다. 꾸준한 독서를 통한 다양한 삶의 체험 훈련이 자존감이 높은 아이로 자라는 지름길이다. 그런 훈련을 통해 자기주도적인 역량을 키운다면 어른이 되어서도 치열한 경쟁사회에서 자기결정권을 가지고 행복한 삶을 누릴 가능성이 높다. 내 아이가 다재다능할지라도 자존감이 낮다면 행복할 수 없다.

행복하지 않은 삶은 성공한 삶이라고 할 수 없다. 독서교육을 간과한 다면 진정한 의미의 성공은 없다고 해도 과언이 아니다. 자존감이 높은 아이가 성공한 삶을 살 가능성이 크기 때문이다.

자존감 클리닉 32

Q : 어렸을 때 외모 콤플렉스가 있었다. 사춘기를 맞은 아이가 나처럼 외모 때문에 스트레스 받을까봐 걱정된다. 어떻게 할까?

A : 신입생 자기소개를 하는 시간에 유나의 이야기를 들었다.

"저는 엄마를 닮아 눈과 코가 크고, 보시다시피 입술까지 크답니다. 엄마는 키도 크니까 저도 키가 컸으면 좋겠습니다. 공무원인 엄마는 책읽기를 잘 하시고 읽은 내용을 자주 들려주신답니다. 주말에 엄마와 함께 서점가는 일이 즐겁습니다. 사회복지관에서 다문화가족을 돕는 엄마를 존경해요. 저도 어려운 사람들에게 도움을 줄 수 있는 어른이 되고 싶어요. 무엇보다 엄마를 닮은 제가 자랑스럽기도 합니다."

모녀의 외모 콤플렉스가 성실한 삶의 자세로 극복되었다. 부모의 단단한 자존감이 아이에게 대물림된 것이다.

04
자존감 높은 아이가 성공한다

변명하는 사람이 아니라, 창조하는 사람이 되어라.
- 앨런 코헨(미국의 동기부여 연설가)

자존감은 지혜롭게 문제를 해결하는 힘이다

자기에 대한 변함없는 믿음과 사랑, 즉 자존감은 우리가 살아가는 데 매우 중요하다. 아이가 어릴 때는 부모가 아이 대신 해주는 일이 거의 대부분이지만 아이가 자라나면서 그것은 어려움에 부딪힌다. 같은 문제적 상황이지만 아이마다 다른 반응의 차이는 어디서 오는 것일까? 내가 학교에서 학생들을 관찰한 결과를 보면 이 반응의 차이는 자존감의 차이에 달려 있다고 말할 수 있다.

어릴 때부터 높은 자존감을 쌓아온 아이는 어려운 상황을 만날 때 지혜롭게 해결하는 힘을 발휘한다. 그런데 자존감이 낮은 아이는 조금만 힘든 일이 생겨도 쉽게 좌절하거나 포기한다. 스스로 상황을 판단하고 부딪혀본 적이 없기 때문에 아이는 무기력하다. 부모가 나서서 아이의 일을 해결해주는 것이 결코 좋은 방법이 아니다. 그보다 아이가 스스로 슬기롭게 자신의 일을 극복할 수 있는 힘을 길러주는 것이 부모의 진정한 역할이다. 부모가 아이의 일을 도와주거나 해결하는 것에는 한계가 있기 때문이다.

의문의 교실 문고 도서 미납 사건

"선생님, 전 더 이상 못 참겠어요."

"소희가 학급문고에서 빌려간 책을 반납하지 않고 과태료도 안 내고 있어요."

얼마 전 교실에서 말다툼이 일어났다. 소희가 대출한 문고의 책을 반납하지 않았으니까 과태료를 물고 같은 책을 사오라는 '당도백'의 말을 소희가 용납할 수 없다 해서 말다툼이 벌어진 상황이다. 도서부장인 백지선의 별명은 '당도백당차고 도도한 백지선'이다. 워낙 매사에 똑똑하고 당찬 데가 있는 지선이의 말인지라 아이들이 거역을 못 한다. 그런데 소희는 분명히 빌려간 책을 기일 안에 반납했다는 것이다. 대출기록장에는 소희가 빌려간 대출일만 있고 반납일은 기록되어 있지 않았다. 정말 귀신이 곡할 노릇이 아닌가?

나도 이 헷갈리는 상황에서 어떻게 해야 하나 고민한 끝에 소희에게 집에 가서 한 번 더 찾아보고 오라고 했다. 아무래도 소희가 착각을 했는지도 모르기 때문이다. 누가 봐도 도서부장인 당도백의 행동에는 한 치의 오차도 없어 보였다.

며칠 후 소희는 자기가 분명히 반납했지만 문고에서 뿅 사라졌다는 그 책을 서점에서 사왔다. 그렇게 그 일이 해결되었지만 소희는 억울하다는 표정을 짓고 있었다. 학급문고 문제가 끝이 났나 싶었는데 대출 도서 미납사건이 자꾸 일어났다. 얼마 전부터 학급문고 대출 도서가 미납으로 처리되어 같은 책을 사오는 아이가 예닐곱 명이나 되었다. 나도 이해할 수 없는 이상한 상황이었다.

도서부장인 지선이에게 물어보니 이유는 간단명료했다. 책을 빌려 간 아이들이 도서 반납일을 어겼고 나중에는 책을 찾을 수가 없다고 해서 똑같은 책으로 사오라고 했다는 것이다. 학급 규칙대로 한 일이다. 내가 알았더라도 그렇게 했을 것이다. 도서 대출자의 도서 분실이라고 보면 보상대책은 아무런 문제가 없는 일이었다.

그런데 그렇게 새 책을 사다놓은 아이들이 평소에 지선이와 사이가 별로 좋지 않은 아이들이란 사실이다. 아이들도 처음엔 책과 관계되는 일로만 생각했는데 지선이를 '당도백'이라고 부르며 지선이와 교우관계가

291

별로인 아이들이 공교롭게 도서 미납 학생으로 걸려든 셈이다. 아이들이 지어준 지선이의 별명은 지선이의 자존감에 손상을 주었기 때문이다.

도서부장 지선이는 왜 아이들에게 누명을 씌웠을까?

지선이는 혼자 점심을 먹을 때가 많았다. 머리가 좋고 똑똑한 아이라는 이미지가 강한 지선이는 수업시간은 독무대로 주름 잡지만 쉬는 시간에는 늘 혼자이거나 조용한 편이었다.

워낙 과학 분야에 관심이 많은 아이라서 과학 선생님들의 총애를 받는 아이였다. 그런데 그 활동적인 수업시간이 끝나면 지선이는 외톨이였다. 친구랑 놀거나 수다를 떠는 모습은 본 적이 없었다. 학급문고의 미납 문제가 불거지고 1달쯤 지났다. 나는 지선이로부터 놀라운 고백을 들었다.

지선이가 자기 집을 떠나고 싶다고 했다. 과학특목고에 꼭 진학할 예정이라고 말했다. 지선이가 과학 분야에 관심이 남다르다는 건 우리가 다 아는 사실이다. 그래서 타 지역에 있는 과학고로 입학한다는데 충분히 이해가 되었다. 그런데 공무원인 양부모와 의대생인 오빠가 있는 다복한 가정환경을 떠나고 싶은 이유에 대해 더 알아봐야 할 것 같아서 지선이와 상담을 했다.

지선이에겐 5살 터울인 오빠가 있다. 지금 의대생인 오빠는 누가 봐도 '성공의 아이콘'인 셈이다. 그러다보니 어릴 때부터 모든 것에서 오빠 중심으로 가정환경이 조성된 것이다. 어릴 때 지선이의 장난감은 인형보다 로봇과 총이 더 많았다. 지선이는 또래 아이와 인형놀이를 즐겨하기보다는 오빠와 로봇이 나오는 책을 더 많이 볼 수밖에 없었다. 물론 놀이 환경이 다른 집과 다른 것이 나쁘진 않다. 그러나 아이의 행복감에도 편식보다는 골고루 취하는 것이 필요하다. 어린 시절 성장 환경이 오빠 중심으로 형성되는 바람에 사춘기 소녀에게 무엇보다 중요한 또래 아이들과의 공감대 형성이 어색했다. 겉으로는 똑똑한 지선이였지만 사춘기의 고민을 나누며 소통할 친구가 없는 외톨이로 지내야만 했다. 아이들은 똑똑한 지선이를 부러워했지만 답답한 마음을 나눌 친구로는 꺼려했던 것이다.

게다가 집안에서는 아무래도 5살 터울의 오빠가 워낙 똑똑한 아이로 자라다보니 지선이는 자연스럽게 관심 밖으로 밀리기 마련이었다. 웬만큼 잘해서는 부모님을 놀라게 하거나 기쁘게 만들 수가 없었다. 너무 잘난 오빠의 영향으로 지선이가 잘하는 일이 무엇이든지 너무나 당연하게 여겨졌다.

지선이는 '자존감'이 크기 힘든 환경에서 어린 시절을 보냈다. 부모님에겐 잘못하면 혼이나 났지, 잘해서 칭찬을 받는 일은 드물었으니까. 지선이는 어린 시절을 지극히 낮은 자존감을 품고 보냈다. 모르는 게 없는 똑똑한 지선이를 지배한 낮은 자존감과 외로움은 지선이를 항상 욕구불만으로 가득 차게 했다. 즉 아이들이 부러워할 만큼 '똑똑한' 지선이는 결코 행복하지 않았다. 그래서 자신을 시기하고 질투하는 아이들을 괴롭혀서 일시적이라도 자신의 스트레스를 해소하려 한 것이다.

분명히 대출한 책을 반납한 아이들을 몰아세워서 새 책으로 학급 문고를 채우게 했다. 나름대로 지선이는 자신을 따돌리고 괴롭힌 아이들에게 복수극을 펼친 것이다.

공부도, 대학도 중요하지만 가장 중요한 것은 자존감이다

나는 지선이의 억눌린 감정은 이해가 되었지만, 그렇다고 해서 아이들에게 저지른 부적절한 행동은 용납할 수가 없었다. 치우친 자기감정으로 남을 해코지한 지선이의 행동은 제대로 된 치유가 필요했다.

지선이의 부모님과 상담을 했다. 우리는 모두 놀랐다. 그토록 당차고 활기찬 아이에게 마음속 깊숙한 곳에 소외감과 낮은 자존감이 웅크리고 있을 줄은 아무도 몰랐다.

지선이의 부모님은 다행히 식견이 높은 분들이라 소아청소년 상담심리 치료를 받겠다고 말씀하셨다. 지선이는 매주 정기적인 상담을 하고 약을 꾸준히 먹었다. 그 약의 효과인지 지선이는 표정과 말투가 차분하게 바뀌었다. 나는 지선이를 도서실에서 만날 때마다 자존감을 성장시킬 수 있는 책 읽기를 권유했다. 그동안 낮은 자존감으로 행복하지 않았던 지선이를 행복하게 만드는 시간을 함께 가졌다. 의외로 지선이는 심경의 변화가 빨랐다. 예전에는 가족들이 알게 모르게 자신을 위축시키고 부담을 주었다면서 울먹였다. 지금은 부모님을 자랑스럽게 여기고, 존경하는 오빠를 잘 따르는 동생이 되었다.

'가화만사성'이란 말처럼 지선이와 가족의 관계가 먼저 개선되고 보니 교우관계는 자연스럽게 좋아진 것이 당연하다. 1달간의 독서와 대화로 억눌린 마음의 압박에서 깨어난 지선이는 친구들을 배려하는 리더십을 가진 진짜 모범생으로서 학교생활을 했다.

아이가 공부를 잘하는 것도, 좋은 대학에 입학하고 취업까지 무난히 잘하는 것도 모두 중요한 일인 것은 맞다. 하지만 아이의 삶에서 보면 공부를 잘하는 것, 좋은 대학에 입학하고 취업까지 잘하는 것만으로 모든 일이 해결되는 것이 아니다. 그보다는 아이의 삶 속에서 스스로가 자신의 삶을 즐기며 순간순간 행복을 느끼는 것이 훨씬 더 중요한 것이다.

자존감을 얻으면 성공과 행복이 같이 온다

아이에게 그런 자아효능감을 채워주는 것이 즉 자존감을 키우는 것이다. 자존감은 어릴 때부터 부모가 키워줘야 한다. 아이의 자존감이 높아야 아이가 자라는 동안에도 행복할 뿐 아니라 어른이 되어서도 높은 자존감이 주는 그 행복이 계속 이어지게 된다.

공부를 잘하는 것, 좋은 대학에 입학하고 취업까지 무난히 잘하는 아이로서 성취감도 중요하다. 그 아이가 자기 삶의 순간순간에서 충분히 사소한 행복감을 누리며 자라는 것이 훨씬 더 중요하지 않을까? 성공해서 행복할 수도 있지만 아이가 자신의 삶 속에서 행복하다면 그것이 바로 성공한 삶이다. 아이가 행복한 삶을 살아간다면 성공이다. 여기의 필수조건이 바로 아이의 자존감이다.

'자존감을 잃으면 다 잃은 것이고, 자존감을 얻으면 다 얻은 것이다.'라는 말이 있다. 어릴 때부터 아이의 자존감을 키워줄 수 있는 사람은 부모다. 그것은 부모로서 가장 중요한 역할이기도 하다. 모든 부모는 새겨들어야 한다. 아이를 똑바로 키우겠다는 생각으로 일방적인 훈계나 명령을 내리고 지시만 한다면 아이는 자신의 생각을 말할 기회를 갖기 어려워 소극적이고 자신감 없는 아이가 되기 쉽다. 부모의 말을 잘 듣고 실천해서 소위 말하는 '똑똑한 아이'로 자랐다고 하더라도 자존감이 높은 아이인 것은 아니다.

부모의 눈에는 아이의 말이나 행동이 다소 어설프더라도 꾹 참고 들어주고 기다려줘야 한다. 무슨 일이든지 아이 스스로 부딪히며 시도해야 결과에 상관없이 아이가 성취감을 느낄 수 있고 자존감도 높아진다. 이 것이 바로 아이가 살아가면서 스스로 실패를 딛고 일어설 수 있게 하는 힘, 즉 자존감이다.

이 세상살이는 언제나 녹록하지가 않다. 자존감이 높은 아이로 키워 야 험난한 세상에서 아이가 자신을 지킬 수 있다. 어려운 상황에서도 좌 절하지 않고 극복해 성공할 수 있다. 자존감이 높은 아이로 키우는 데 일 등공신인 독서에 힘을 기울여라. 독서와 함께 내 아이의 자존감을 키워 주는 부모역할을 소홀히 하지 말아야 하는 것이 그 무엇보다 중요하다는 것을. 아이를 잘 기르고 싶은 부모들은 마음 깊이 새겨야 한다.

자존감 클리닉 33

Q : 아이가 행복했으면 좋겠다. 아이를 돕고 싶은데 어떻게 시작해야 할까?

A : '아이가 무엇을 간절히 원하는지' 항상 관심을 가져라. 작은 행동도 놓치지 말고 아이에게 칭찬을 하라. 웹툰 이야기, 영화 이야기, 게임 이야기를 할 때도 경청하라. 그중 책을 읽고 이야기 할 때는 적절한 보상을 반드시 해줘라. 부모와 함께 하는 삶 속에서 아이가 행복하다면 그것이 바로 성공한 삶이다.

05
자존감과 독서가 시련을 극복하게 한다

진정으로 자신의 모든 것을 바쳐 완전히 헌신했을 때, 하늘도 움직인다.
― 윌리엄 H. 머레이(영국의 등산가, 작가)

나는 미인 우등생 백설공주 주애의 친구였다

나는 대구에서 S여중을 다녔다. 지금도 생생하게 기억나는 친구가 있다. 중학교 3년 동안 같은 반이었던 친구다. 독실한 기독교 신자로서 이름도 '주님의 사랑'이라는 뜻으로 '주애'라고 했다. 그 시절엔 가마솥 더위에도 운동장에서 체육수업을 했다. 우리는 까맣게 그을린 피부가 제일 싫었다. 요즘처럼 실내체육관 수업이나 자외선 차단 제품이 없던 시절이라 한창 사춘기였던 우리는 피부가 희면 무조건 백설공주라고 불렀다.

그런데 주애는 타고난 흰 피부를 가졌다. 게다가 체육수업마다 늘 운동장 등나무 벤치에서 참관 수업을 했다. 어릴 때에 소아마비를 앓아서

5장_아이에게 자존감 독서법이 필요한 이유 |

그 후유증으로 다리를 절름거리며 걸었기 때문이다. 주애는 체육시간만 참여하지 못할 뿐 공부는 우등생이었다. 이유야 어찌되었건 우리는 체육시간에 나무 그늘 아래서 참관 수업을 하는 주애가 얼마나 부러웠던가. 운동장 등나무 벤치에 앉아 책을 읽는 주애는 흰 얼굴의 미인이고 공부도 잘하는 우등생이었다. 주애는 우리가 우러러볼 수밖에 없는 백설공주 같은 존재였다.

팔방미인인 주애는 음악시간엔 피아노 반주자로 활동을 했다. 많은 아이들이 주애를 부러워했으나 성격이 예민한 주애와 친하게 지내지는 않았다. 나는 주애와 가까운 친구였다. 주애의 목발을 들고 다니는 일을 도와주고 매점에 가게 되면 주애의 간식도 챙겨왔다. 간혹 옆 반에서 빌려올 일이 있는 물건도 빌려다줬다. 나는 이래저래 바빴다. 건강한 내가 좀 힘들더라도 망설이지 않고 주애를 도와줬다. 주애도 그런 나를 싫어하지 않았다. 우리는 중학교 3학년이 되어서도 같은 반이 되고 짝이 됐다.

그 시절 중학교에는 학력 우등생을 뽑는 제도가 일반화되어 있었다. 월말고사라서 매달 1회씩 치렀다. 시험 결과에 따라 학년마다 고득점자 우등생에게 표창을 했다. 우리 학교에서는 매달 우등생들에게 우등생 금배지를 교복 상의 컬러깃에 달아주었다. 물론 주애의 교복에는 언제나 우등생 금배지가 빛났다. 주애는 음악시간에는 피아노 반주자로 빛났고 월말고사에서는 우등생 금배지도 차지했다.

어느 날, 주애와 단짝으로 지내던 내게 불현듯 생각의 변화가 일어났다. 지금부터 마음먹고 공부를 해서 중학교 졸업 전에 나도 우등생 배지를 달아보자는 생각이 들었다. 가슴이 마구 뛰었다.

열심히 공부를 했더니 드디어 내 꿈이 현실이 되었다. 내가 우리 반에서 우등생 표창장과 배지를 받게 됐다. 그런데 놀라운 일이 내 눈앞에 펼쳐졌다. 우등생 명단에 주애가 들어 있지 않은 사실을 알았다. 우등생 배지를 반납하게 된 주애가 새로 우등생이 되어 배지를 달게 된 나를 외면했다. 나는 내 꿈을 이룬 기쁨보다 정신적 고통이 더 컸다.

주애는 불미스런 소문을 전교에 마구 퍼뜨리고 다녔다. 공부 못하는 나를 자기가 가르치고 키웠다고 말했다. 주애가 공부할 때 질문을 하면서 내가 도움을 받은 것은 사실이었기에 나는 애써 불쾌한 감정을 참았다. 더 못 참을 소문이 내 귀에 들리기 시작했다. 시험을 치는 도중에 내가 자신의 답안지를 보는 듯했는데 자신이 못 본 체했다는 헛소문으로 나를 괴롭혔다. 나는 심한 모멸감을 느꼈다. 3년간 쌓은 우정의 배신감도 아주 컸다. 하지만 나는 말싸움으로 주애를 이기고 싶지는 않았다. 내가 꾸준히 공부를 해서 시험을 잘 치고 우등생 배지를 빼앗기지 않으면 이 모든 소문은 나의 결백으로 끝나는 것이라고 생각했다. 절박한 마음으로 필사적으로 공부했다. 정말 쌍칼을 갈면서 열심히 공부했다. 나는 중학교 3학년 졸업고사까지 나의 목표를 달성하는 쾌거를 이뤘다.

자존감이 낮으면 자신의 잘못도 인정하지 못한다

주애는 내가 알던 멋진 친구가 아니었다. 배추 한 포기도 속이 노랗고 꽉 찬 배추라야지 제대로 자란 배추인데 그때의 주애는 속이 텅 비었고 까맸다. 다재다능하고 화려한 스펙은 가졌지만 자존감은 바닥인 셈이었다. 자신의 잘못을 인정하지 못하는 자존감이 낮고 초라한 아이일 뿐이었다. 나는 그토록 갖고 싶었던 우등생 배지를 얻은 기쁨보다 우정이 깨졌다는 슬픔과 충격이 더 컸다.

어떤 사람은 남의 불행이 자신의 행복이라고 한다. 그래서 남의 슬픔은 함께 나눌 수 있어도 행복은 진심으로 함께 나누기가 쉽지 않다고 한다. 이것은 솔직한 말이라기보다 영혼이 가난한 자, 즉 자존감이 낮은 사람의 말이다.

아무리 어린 시절이었지만 영원한 승자는 없다는 것을 알았다면 친구의 정당한 승리에 대해 그렇게 모함으로 해코지하진 않았을 것이다. 누구나 노력하면 승자가 될 수 있다는 순리를 알지 못할 만큼 어리지도 않은 중학교 3학년의 주애였기에 더 실망이 컸다.

시련의 극복은 자존감이 성장하는 축복

그해 겨울에 중학교를 졸업하고 주애는 예술고교로 가고 나는 일반고교로 진학을 했다. 헤어지는 순간까지 주애는 자신의 거짓말에 대한 뉘

우침도 사과도 없었다. 나에게 모멸감을 주고 우정마저 깨뜨린 주애를 졸업식 후 내 마음속에서 지워버렸다.

비 온 뒤 땅이 굳어진다는 말처럼 주애가 준 시련을 극복한 나는 자존감이 성장하는 축복을 얻었다. 트라우마가 아니라 외상 후 성장이다. 오로지 내 실력으로 결백을 보여주자는 일념으로 D시의 시립도서관이 폐관하면 집으로 왔다. 그때 진정한 공부와 독서를 마음껏 했고, 그 결과 우등생 배지를 중학교 졸업 때까지 당당하게 지키며 나의 자존감을 높일 수 있었다. 그것은 독서로 마음의 상처를 치유하고 자존감으로 지킨 자랑스러운 금배지였다. 자존감은 나를 성장시킨 위대한 힘이다.

자존감이 높은 아이가 시련을 더 잘 극복한다. 시련을 잘 극복하는 아이의 자존감은 더 높아진다. '나는 당당하고 잘못하지 않았다!'는 자존감의 속삭임이 삶에 닥치는 여러 시련을 더 잘 극복하게 한다.

자존감 클리닉 34

Q : 독서를 꾸준히 하는 것이 아이의 미래에 중요한 영향을 준다는 것은 안다. 하지만 바쁘면 독서를 미루고는 한다. 어떻게 할까?

A : 바쁘더라도 틈새 독서를 하라. 굳이 유태인의 독서 습관을 말하지 않겠다. 하루 중 잠들기 전 10분 독서를 하자. 독서의 힘을 믿고 소홀히 하지 말자. 마치 양치질처럼.

독서의 힘을 믿어라. 꾸준한 독서의 힘은 성공의 길잡이가 되어준다. 꾸준한 독서를 통해 키운 자존감은 아이가 스스로 미래를 만드는 위대한 힘이다.

자존감과 독서가 진로를 결정한다

한 인간에게서 모든 것을 빼앗아갈 수는 있지만,
한 가지 자유는 빼앗아갈 수 없다.
– 빅터 프랭클(오스트리아의 정신과 의사)

독서는 꿈을 지지해주는 최고의 응원군이다

K중학교 1학년 이기훈을 소개하겠다. 기훈이는 테니스 동아리 활동을 한다. 기훈이는 건강하고 성격도 쾌활하다. 언제나 땀에 젖은 기훈이 냄새는 아이들의 후각을 극도로 자극한다. 기훈이가 교실에 들어오면 아이들의 비명소리가 창문을 뒤흔든다. 오전 수업엔 교실에서 만날 수 있고 오후 시간에는 테니스코트를 누비는 기훈이다.

그런데 놀라운 일이 일어났다. 기훈이가 학교 정기고사에서 전교 10등 안에 들어갔다는 사실이다. 믿기지 않았지만 사실이었다.

기훈이는 초등학교 5학년 때부터 테니스를 배우기 시작했다. 개인적으로 테니스를 너무 좋아해서 재미를 느끼기 시작한 시기에 중학생이 된 것이다. 마침 우리 중학교에 테니스 선수단이 있는 것을 보고 기훈이는 동아리에 바로 가입했다. 오전 수업만 참여하고 오후엔 코트에서 테니스를 하는 기훈이가 중간고사 상위권을 유지했다는 것이다. 이런 결과의 이유를 알아보았다. 오후 수업에서 못 배운 학습 내용을 집에서 스스로 독학을 해온 것이다.

운동이 좋아서 테니스 동아리에 가입하고 훈련을 하면서 공부도 독학으로 따라간다는 것이 놀라웠다. 도대체 이것이 가능한 일인가 싶어서 자세히 알아보았다. 기훈이는 책 읽기를 즐기는 독서 습관을 가진 아이였다. 어릴 때에 길러진 책 읽기는 가장 훌륭한 습관이다. 기훈이는 테니스 연습으로 불참한 수업은 혼자서 교과서와 참고서를 반복해서 읽고 실력을 따라잡았다.

중학교 1학년 2학기에 학교 간 테니스 대회가 열렸다. 기훈이는 자신이 포함된 팀이 승리를 하지 못한 것에 크게 책임감을 느껴 결국 테니스 동아리에서 탈퇴했다. 테니스를 좋아하지만 아무래도 자기가 운동선수로는 역량이 부족하다는 생각으로 진로를 바꾼 것이다. 학교 간 테니스 대회 출전의 고배가 기훈이의 자존감을 떨어뜨린 것이다.

그 후 기훈이는 테니스 연습으로 소홀히 했던 공부에 열중했다. 점심시간마다 도서관을 찾아와서 책을 탐독했다. 반납대에 놓고 가는 기훈이의 책은 주로 의학 관련 도서였다. 우리 몸의 구조에 관한 의학도서 중 뇌 관련 도서를 자주 빌려 갔다. '뇌 과학'에 관한 책을 집중적으로 탐독했다.

나는 기훈이가 의학 관련 도서에 특별히 관심을 갖는 이유가 궁금했다. 마침 2학년이 되면서 기훈이는 우리 반이 되었다. 나는 기훈이를 도서반장으로 추천했다. 1학년 때부터 도서관 단골인 학생이 우리 반이 된 것이 무척이나 반가웠다. 기훈이도 도서반장이 되어 적극적으로 활동했다. 소위 '중2병'이 커지는 사춘기 남학생들은 주로 축구나 농구를 하면서 점심시간을 보낸다. 기훈이는 그렇게 좋아하던 테니스를 그만두고 도서관 지킴이로 활동했다. 기훈이는 도서관에서 책을 볼 때 몰입독서를 하는 보기 드문 아이였다. 짧은 시간에 몰입하고 속독으로 책을 잘 읽었다.

테니스 선수를 꿈꾸던 기훈이가 의사로 진로를 바꾼 이유는!

어느 날 국어수행평가 과제물인 독서기록장을 보고 나는 매우 놀랐다. 기훈이는 독수리 오형제중의 맏형이다. 초등학생인 동생이 3명이고 막내는 이제 돌 지난 아이다. 씩씩한 남자아이가 5명이라 어머니의 고생이 많다고 말했다. 게다가 막내 동생은 선천적으로 질병을 가지고 태어나서 병치레가 잦다고 말했다. 그래서 기훈이는 자신의 진로를 의사가 되는 것으로 마음먹었다. 넉넉하지 못한 가정 형편으로 막내 동생의 선천적 질병을 고치기엔 역부족이라고 본 것이다. 기훈이 자신이 의사가 되는 길이 동생과 집안을 돕는 길이라고 생각했다.

현재의 아이를 보면 미래가 보인다. 기훈이는 작년 1년간 테니스 선수 활동으로 다져진 건강한 신체가 재산 1호다. 그리고 어릴 때부터 길러진 독서 습관이 든든한 무기다. 아직 어리다면 어린 중학교 2학년생이 다부지게 자신의 진로와 꿈을 향해 발걸음을 뗀 것이 대견하다. 무엇보다 동생을 향한 가족애가 자랑스럽다. 아이나 어른이나 책을 많이 읽은 사람은 좀 다르다. 기훈이가 그랬다. 운동선수로 뛰면서도 학업 부진 현상을 스스로 극복하여 상위권을 유지했다.

기훈이의 최강 무기는 독서 습관이다. 틈만 나면 책을 읽는 기훈이는 자신의 꿈과 관련 있는 도서를 집중적으로 몰입 독서를 한다. 기훈이의 관심사는 사람의 뇌다. 막냇동생이 '뇌' 질환을 앓고 있기 때문이다. 다섯 아들을 키우시기에 몹시 지친 부모님에게 기훈이는 가문의 희망이다. 막내 동생을 위해서라도 자신의 꿈인 의사가 되겠다는 열망이 크다. 기훈이는 독서골든벨 대회에서 독서왕이 되기도 했다.

나는 기훈이를 S그룹에서 운영하는 '꿈멘토 장학생'으로 추천했다. 기훈이는 장학금으로 자신의 진로와 꿈과 관련된 많은 책들을 사서 읽었다. 그 후 독서기록장에는 기훈이의 꿈과 관련된 독후감상문으로 빼곡하게 채워졌다. 테니스 운동선수로 튼튼한 기훈이는 자존감도 단단한 아이로 살고 있다.

'세 살 버릇 여든까지 간다.'라는 말은 이젠 '백 살까지 간다.'로 바뀌어야 한다. 물론 단순히 백이라는 숫자가 아니라 '평생 동안'이라는 뜻이다. 기훈이가 어릴 때부터 몸에 밴 독서 습관으로 자신의 진로에 막강한 영향을 미쳤다. 독서는 확실한 진로를 찾고 꿈을 향해 한 걸음씩 나아가는 지렛대 역할을 한다. 독서왕 기훈이는 의학전문대에 지원하기 위해 열심히 공부하는 미래의 닥터다. 아이의 진로는 자존감이 결정한다.

자존감 클리닉 35

Q : 매우 어려운 환경을 가진 아이가 미래의 큰 꿈을 향해 나아가려고 한다면 어떻게 도움을 줄 수 있을까?

A : "인간의 몸은 감옥에 가둘 수 있지만, 자유로운 영혼은 가둘 수 없다. 모든 것을 잃을지라도 인간의 자유의지는 그 누구에게도 빼앗길 수 없다."는 말에서 인간의 무한자유를 인식해야 한다.

기훈이는 가난한 집안에 태어난 맏형인데 희귀병을 안고 태어난 막내를 위해 의사가 되려는 꿈을 향해 고군분투 중이다. 그의 어려운 현실이 장애물이 아니다. 꾸준한 독서로 다진 단단한 마음을 내공으로 장착하고 꿈을 향해 전진한다. 지금은 독서왕, 기훈이는 미래의 닥터.

07
자존감과 독서가 운명을 바꾼다

생각을 원하는 방향으로 바꾸자. "나는 무엇이든 할 수 있다."
– 빌 게이츠(미국의 기업가, MS전 CEO)

환경과 콤플렉스를 뛰어넘는 힘!

예나 지금이나 학교 일과 중 가장 활기찬 시간은 점심시간이다. A중학교 3학년 민주를 소개하겠다. 아이들이 우르르 식당으로 갈 때 민주는 도서관에 온다. 민주는 자신의 꿈을 이루기 위해 도서관에서 꾸준히 독서한다. 학습 독서를 잘하는 민주는 수업시간마다 리더 역할을 하는 청출어람인 제자다.

인구 13만 명의 소도시에서 태어난 민주는 결코 외부 환경을 탓하지 않았다. 오로지 자신의 꿈과 관련된 독서 목록을 세우고 꿈을 이루려는 전략을 독서와 함께 실천했다. 그런 민주가 학력고사에서 도내 수석의 영광을 안고 국내 최고의 명문대에 합격했다는 사실이 조금도 놀랍지 않았다. 마침내 자신의 꿈을 이루고 사회적 지도자로 당당히 살고 있다는 소식을 들었다. 나는 정말 기뻤다. 철저히 독서를 해온 민주가 얻은 당연한 결과라는 생각이 들었다. 철통같은 불굴의 의지와 노력이 인간승리로 빛나는 순간을 보았다. 민주의 독서는 그의 꿈을 이룬 일등공신이라 할 수 있다.

까무잡잡한 피부와 자그마한 체구를 지닌 민주였지만 자신의 외모 콤플렉스를 붙잡고 징징거릴 시간조차 아까워했다. 꾸준한 독서로 쌓아온 해박한 지식과 자존감이 언덕 위 소나무처럼 우뚝 섰다. 민주는 독서라는 든든한 돛으로 인생의 바다에서 멋진 항해를 했다. 민주는 삼남매의 맏이다. 특히 어머니의 훈육을 잘 따르면서 자랐다. 민주 어머니는 삼남매의 뒷바라지를 위해 도서 방문 판매를 했다. 어머니는 방문 판매로 팔지 못한 동화나 전집류는 출판사로 반품하는 대신 생계비를 써서라도 아낌없이 책을 사서 세 아이에게 투자하였다.

'맹모삼천지교'라고 하지 않았나. 비록 어려운 환경이지만 지혜가 남다른 어머니의 행동이 아닐 수 없다. 문제 아이 뒤에는 문제 어른이 있는 반면에, 성공한 아이 뒤에는 성공의 길을 열어준 현명한 어른이 반드시 있다는 성현의 말씀이 생각난다. 민주는 일찍이 그녀의 어머니가 책을 장난감 삼아 읽을 수 있는 독서 환경을 조성한 것처럼 자신의 아이들과 함께 책을 읽는 신세대 부모로서 독서교육을 하고 있다. 독서라는 정신적 유산을 당당히 대물림하고 있다.

나폴레옹과 충무공 이순신의 운명을 바꾼 독서

나폴레옹은 '내 사전에 불가능이란 없다.'는 말을 남겼다. 그는 수많은 전쟁터에 나갈 때마다 한 수레에 책을 싣고 나갈 만큼 독서광이었다. 이미 그의 방대한 독서량은 알 만한 사람들은 다 안다. 나폴레옹이 어릴 때부터 독서 습관을 기르게 된 이유는 심한 왕따 때문이었다. 왕따를 당하는 위기를 책 읽기로 극복했다는 것이다. 이것이야말로 전화위복이 아닌가. 섬 출생인 그는 심한 사투리를 쓴다는 이유로 아이들에게 조롱거리가 됐다. 키가 유난히 작아서 외모 콤플렉스가 있었지만 오히려 독서를 친구로 삼는 계기가 됐고 또래 아이들보다 많은 정보를 쌓을 수 있는 계기가 되었다. 즉 책을 가까이 하면서 소외감을 달랠 수 있었고 멋진 리더십을 가진 장군으로서 세계를 제압할 수 있는 전략가의 힘을 지녔다. 그 지혜를 터득한 기저에는 바로 독서의 힘이 있었다.

죽느냐 사느냐 생사의 갈림길에 서는 전쟁터에서도 책을 읽는 나폴레옹의 모습을 상상해보라. 총성이 끊임없이 들리는 곳에서 무슨 독서인가 싶다. 나폴레옹 장군도 사람이다. 전쟁터에서 그는 어떻게 불안하지 않았을까. 그래서 더 집중적으로 독서를 하면서 그 불안감을 달랬을 것이다. 이것을 보면 한 가지 진실을 파악할 수 있다. 우리가 아무리 바쁜 일상이라고 하지만 총알이 빗줄기처럼 쏟아지는 전장만큼 바쁘진 않을 것이다. 독서할 '시간이 없다'는 말은 독서할 '마음이 없다'는 말로 이해해도 좋을 것이다.

또 독서 전략으로 위기를 극복한 독서가는 7년간의 전쟁 중에서 『난중일기』를 써서 남긴 충무공 이순신이다. 충무공은 「한산도 달 밝은 밤에」라는 창작 시조를 읽어봐도 너무도 다정한 사람임을 단박에 알 수 있다. 끊임없는 왜구의 침입에 빈틈없이 국토를 지키는 애국심이 절절하다. 굶주림에 지친 군사들을 자급자족으로 배불리 먹이고 잠재운 후, 장군은 홀로 깨어 수루에 앉아 등대 없는 바다를 지키는 모습을 상상해보라. 긴 칼을 찬 엄연한 장군의 모습이며 자애로운 부모의 모습이기도 하다.

그러나 충무공도 사람이다. 전쟁터에서 불안과 시름을 묵묵히 독서로 달랬다. 달밤에 떠오르는 고향의 가족들과 노모의 모습을 떠올리며 절절한 그리움을 독서로 달랬다. 그 와중에 사랑하는 아들이 전사했다는 비보를 듣고 그 비통함을 『난중일기』에 글로 적어 남겼다. 자식을 먼저 떠나보내야 했던 아버지의 극한 슬픔이 글에서 생생하게 느껴진다.

독서와 함께 하는 자존감 성장은 결국 운명을 바꾼다

충무공은 누구나 아는 용감한 영웅이다. 백성을 내 몸처럼 돌보며 나라를 지키신 위대한 리더다. 사랑하는 아들의 전사 소식을 듣고 큰 슬픔을 달래며 글로 써서 전한 의연한 아버지다. 국사에 전념하느라 가까이서 효도를 다 하지 못한 처지라서 고향에 두고 온 어머니와 가족들을 향한 그리움을 『난중일기』에 남겼다. 하루하루 기울어가는 위기의 전세 앞에서도 꿋꿋하게 전장일기를 글로 써서 남겼다. 충무공은 왜구의 침입이 없는 날은 독서를 했다고 전해진다. 충무공의 그 뛰어난 지략은 독서의 힘에서 나온 것이다. 이 상황을 보면 우리가 흔히 입에 달고 사는 '독서할 시간이 없다'는 말은 '독서할 마음이 없다'는 뜻으로 이해해도 좋을 것이다. 우리의 일상이 아무리 바빠도 전쟁터만 하랴.

느림은 게으름과 다르다. 게으름은 방치인 반면 느림은 적극적인 선택이다. 여유는 할 일을 하면서 충분히 쉬는 것이고 게으름은 할 일도 안 하면서 제대로 쉬지도 못하는 것이다. 즉 전자는 삶의 풍요로움을 느끼게 해주는 것이고 후자는 후회만 남기는 것이다. 아이가 느리게 읽더라도 꾸준히 독서를 하게 하라. 독서와 함께 성장하는 아이의 자존감이 아이의 운명을 바꾼다. 독서야말로 시공을 초월하여 사람의 운명을 바꾸는 힘이다.

자존감 클리닉 36

Q : 아이가 무엇을 잘 하는지 어떻게 알 수 있을까?

A : "지피지기 백전백승!", 즉 나를 먼저 알고 적을 알면 승리는 당연한 것이라는 말이다. "너 자신을 알라."는 철학자 소크라테스의 말도 같은 의미가 숨어 있다. 아이가 관심 있는 꿈 목록을 적게 하고 꿈과 관련 있는 독서 목록을 세운다. 아이의 꿈과 관련된 독서를 꾸준히 하게 하라. 책과 함께 자신의 관심 분야와 재능을 찾을 수 있다.

자존감 독서법 멘토링 5

독서 잘하는 사람의 독서법을 따라해보세요

일생 동안 115권의 책을 낸 위대한 천재 작가인 괴테는 말한다. 대부분의 사람들은 읽는 방법을 배우는 데 오랜 시간이 걸린다는 사실을 알지 못하며 자신도 그것을 아는 데 8년이나 걸렸고 지금도 완전하다고 말할 수 없다라고. 이것은 독서란 육체를 단련하듯 마음을 단련하는 것이라고 말한 에디슨과 같은 맥락의 말이다.

독서는 사유의 과정이다. 독서는 정신적이고 심리적인 사유 과정이므로 배우기가 어려운 일이다. 다만 자신이 끊임없이 노력해야 한다. 평생 갈고 닦는 훈련만이 독서력을 높일 수 있다. 독서는 사유 과정이고 도전이다. 독서는 독자와 작가가 함께하는 여행이다. 독자가 작가와 말없이 대화를 나누는 과정이다. 진정한 독서는 결코 수동적으로 받아들이기만 하는 과정이 아니다. 저자의 마음과 생각을 이해하고 파악하기 위해 글의 내용을 소화하고 흡수하는 활동이다. 이때 마음과 정신의 능동적인 활동이 일어난다.

독서는 독자와 저자의 상호작용이다. 공부의 효율성은 독서능력과 이해력에 달렸다고 해도 과언이 아니다. 독서 잘하는 사람의 독서법을 따라해보라. 공부에 도움 되는 독서 방법 3가지는 '훑어보기', '질문하며 읽기', '주의 깊게 읽기'를 통해 주제를 파악하는 것이다. 독서할 때 핵심 주제 파악하기에 집중하면 책의 내용 이해가 잘되고 속도도 빨라진다. 독서할 때 질문하며 읽고 그 질문에 스스로 답하며 읽는 것이다. 따라서 효과적인 독서를 하면 할수록 읽는 이의 자신감과 자존감이 더 커진다.

독서 습관과 자존감을 다 잡는 자존감 독서법!

아이에게 책 읽기 능력을 선물하세요!

당신은 공부 잘하는 아이를 원하는 부모인가요? 그러면 먼저 아이에게 독서 습관을 길러주세요. 꾸준한 독서를 통해 쌓은 문해력이 모든 공부의 기본이 되니까요.

아이가 책 읽기를 싫어한다면 부모가 먼저 책 읽기를 해보세요. 모방의 귀재인 아이가 부모를 따라할 테니까요. 만약 아이가 책 읽기를 싫어한다면 부모의 협력이 필요할 때임을 알아차려야 해요. 틈새 시간에 부모가 TV시청을 한다면 아이는 책 읽을 마음을 가지기가 어려워요. TV를 보며 쉬고 싶은 마음은 어른이나 아이나 마찬가지이기 때문이죠. 아이가 책을 잘 읽기를 원한다면 부모도 같이 책 읽는 동반자가 되어보세요. 문제풀이 1시간 줄여 제대로 된 독서 1시간으로 채우는 것이 아이의 먼 훗날에 더 큰 도움이 된다는 것을 잘 아시죠?

독서는 음식을 먹는 것과 같아서 천천히 잘게 씹으면 그 맛이 오래가지만 마구 씹어 삼키면 끝까지 맛을 모르지요. 모든 공부의 기초가 되는 읽기 능력, 즉 문해력은 다른 운동과 같이 꾸준히 책 읽기 훈련을 해야만 얻어지는 능력이죠. 어휘력이 부족하면 문해력이 떨어져 다른 글을 읽어도 이해가 제대로 안 되는 경우가 많아져요. 책 읽기 능력은 단박에 얻는 기술이 아니라 훈련이 필요해요. 그래서 책 읽기 능력이 부족한 아이는 그럴수록 조급증이 생기지요.

이때 부모는 아이가 책 읽기와 공부를 병행하도록 여유로운 마음으로 이끌어주세요. 그러면 속도는 늦더라도 공부의 효율성이 훨씬 높아지지요. 아이가 고득점으로 다가가는 길을 안내해주고 함께 걷는 부모가 돼보세요. 부모도 공부를 해야 아이 인생에 도움을 줄 수 있다는 사실을 명심하세요.

마음만으로는 안돼요, 자존감을 키워주세요!
지금 아이가 독서를 잘하는 능력을 갖추도록 도와주세요. 바로 부모와 아이가 독서하는 것이 최선의 방법이죠. 인공지능로봇이라는 기계에게 내 아이를 맡기는 것이 자연스런 세상이 오더라도 부모와 아이가 독서하는 것을 추월할 만한 교육 방법은 없다는 사실을 믿으세요. 부모는 아이가 똑똑하고 건강하게 자라길 바라지요. 자식을 위해서라면 망설일 것이 없는 것이 부모의 마음이죠. 자녀를 훌륭하게 키우려고 바쁘게 살지만 아이는 부모의 사랑을 먹고 자라는 존재라는 것을 기억하세요.

부모는 아이의 친구이고 스승이니까 부모와 아이가 함께 책을 읽어야 하는 것은 너무도 당연한 일이지요. 일부 1318세대들의 행동 특징을 보면 언어폭력을 일삼는 아이, 감정 조절을 못하는 아이, 생활 스트레스를 비행으로 폭발시키는 아이들이 증가하고 있어요. 천지개벽이 된다고 해도 부모는 아이와 친구처럼 놀아주고 위대한 스승처럼 제대로 가르치는 것이 가장 중요한 부모의 역할이지요.

덩치만 큰 아이는 어떤 문제 발생 상황에서 어떻게 해야 하는지 모를 때가 많아요. 말로는 모르는 것이 없어 보일지라도 아이는 경험하지 못한 일이 더 많지요. 자, 그래도 아이를 도와주지 않아도 된다고 생각하세요? 책 읽기를 유아기에 많이 해줬으니까 이젠 필요 없을까요? 영유아기에 책 읽기를 해줬던 부모의 모습은 아이들이 기억하지 못해요. 오히려 지금이 부모와 함께 책 읽기가 필요한 때라는 사실을 기억하세요.

내 아이를 잘 키우고 싶은 마음만으로는 아이가 잘 자랄 가능성이 낮아요. 어떻게 해야 내 아이를 잘 키울 수 있을지 공부하세요. 그러면 답이 보이죠. 부모도 꾸준히 독서하며 공부하는 것만한 방법이 없어요. 부모에게 인정받으며 무한한 신뢰 속에 자랄 때 자존감이 높은 아이가 돼요. 키 큰 아이로 키우는 것보다 아이의 자존감을 키워주는 일이 더 중요하지요. 부모는 진정성 있는 칭찬과 격려의 말을 자주 해주세요. 아이가 긍정적 에너지로 한 걸음 더 높이 올라갈 수 있도록 자존감을 키워주세요.

독서 습관과 자존감을 다 잡는 자존감 독서법!

나는 30여 년을 중등학교 국어교사로 지내면서 해마다 긍정적이고 유연한 사고를 지닌 아이들을 만날 때 그들의 부모를 떠올려봐요. 아이들을 반듯하게 잘 키운 부모의 공로에 감탄을 하곤 해요. 그 아이들은 하나같이 독서 습관을 공통점으로 지녔어요. 사람은 누구나 소통을 원하는 사회적 존재죠. 아이들은 독서를 통해 다양한 지식습득과 소통으로 상호관계를 유지할 때 건강한 자아를 형성할 수 있어요. 아이들이 독서하는 과정에서 글과 작가와 독자의 상호작용이 일어나죠. 그때 자연스럽게 소통과 공감 능력이 향상되어 유연한 사고를 지닌 아이들로 성장하지요.

아이의 더 나은 미래를 위해 성공한 사람들의 독서 습관을 벤치마킹하는 것이 좋아요. 역사적으로 리더십을 가진 사람들이 꾸준하게 해온 독서는 그냥 따라하기만 해도 좋겠지요. 아이의 깊고 넓은 사고 형성을 원한다면 독서만한 것이 없다는 믿음을 갖고 실천해야지요. 이미 시작된 4차 산업혁명시대에 우리에게 무엇이 필요할까요? 독서는 취미가 아니라 생존 전략의 필수가 되죠. 즉 '생존 독서'라고 할 수 있지요. 이제 대부분의 일은 고성능 기계가 척척 대신해주며 인간의 삶을 해결해줘요.

미래 사회가 고성능으로 기계화될수록 사람은 사고력으로 인간의 영역을 지켜야 하죠. 그럴 때 독서야말로 인간으로서 생존에 필요한 물과 같게 되겠죠. 4차 산업혁명시대에서 기계보다 인간의 우월한 역량인 창의융합적 사고가 필수겠죠. 따라서 미래 인공지능 사회일수록 독서를 잘하는 사람이 리더가 될 수밖에 없지요. 그래서 리더십을 가진 사람들은 독서를 소홀하게 다루지 않고 바쁜 일상 중에도 독서를 하는 독서광들이 많아요. 경영의 비법과 용인술을 배우는 독서는 그들의 훌륭한 자력갱생의 도구이기 때문이죠.

부모가 아이에게 물려줄 최고의 선물, 자존감과 독서 습관!

부모가 아이에게 물려줄 최고의 선물로 자존감과 독서 습관을 길러주세요. 삶이라는 전장에서 험난한 시련이 닥쳐와도 해결책을 찾고 나아갈 지혜를 물려주세요. 아이가 독서를 통해 얻은 든든한 힘을 무기로 장착하고 세상을 살아갈 수 있는 초석을 단단히 심어주세요.

워킹맘으로 살아온 저는 신혼 때부터 부모님과 함께 시댁에서 살았어요. 늦은 결혼으로 갓 태어난 아이를 믿고 맡길 곳은 부모님 품이 최고였죠. 그런데 책을 읽어달라고 보채는 아이에게 온종일 책을 읽어주기 지친다는 부모님의 하소연을 듣고 시름을 좀 덜어드리려고 한글 교육을 빨리 시작했어요. 그 후 아이는 혼자서 책을 읽으며 놀 수 있게 되었죠. 뿐만 아니라 유치원에서 책 읽어주는 아이가 되었고, 아이가 책을 읽어주며 부모님을 잠재우기도 했어요.

아이가 공부를 잘하기를 원한다면 부모가 함께 독서하는 것이 최고예요. 그러지 않아도 아이 뒷바라지에 힘든 부모를 더 힘들게 하려는 의도는 전혀 없어요. 이 책이 부모독서 권장도서는 아니지만 내 아이가 제대로 성장하기를 바라는 부모들에게 작은 도움이라도 된다면 저자로서 매우 큰 기쁨이지요. 나는 부모가 아이에게 물려줄 최고의 재산은 자력갱생의 힘을 키워주는 독서 습관이라고 확신해요. 아이와 함께 책 읽는 부모가 되는 원동력은 사랑이죠.

독서 습관과 자존감을 다 잡는 자존감 독서법! 당신도, 아이도 늦지 않았어요.

■ 아이의 자존감을 높이는 이야기 10

『시시하게 살지 않겠습니다』 야마자키 마리 / 김윤희 / 인디고 / 12,800원

『아Q정전 어떻게 삶의 주인이 될 것인가』 루쉰 / 권용선 / 너머학교 / 15,000원

『작은 것이 아름답다, 새로운 삶의 시도』 슈마허 원저 / 소복이 / 너머학교 / 15,000원

『잠시라도 내려놓아라』 뤄위밍 / 나진희 / 아날로그 / 13,800원

『진짜 나를 만나는 혼란상자』 따돌림사회연구모임교실심리팀 / 마리북스 / 14,000원

『어쩌면 가장 솔직한 내 마음, 낙서가 말해주는 심리 이야기』 박규상 / 팜파스 / 14,800원

『어쩌면 행운아』 안드레아스 슈타인회펠 / 이명아 / 여유당 / 12,000원

『오늘, 진짜 내 마음을 만났습니다』 홍성향 / 인디고 / 15,800원

『즐겁지 않으면 인생이 아니다』 린 마틴 / 신승미 / 글담 / 14,800원

『액션! 청춘』 박수진 / 글담출판 / 13,800원

■ 우정 이야기를 나누기 좋은 책 7

『난민 소녀 리도희』 박경희 / 뜨인돌 / 11,000원

『내 이름엔 별이 있다』 박윤규 / 별숲 / 12,000원

『나의 첫 젠더 수업』 김고연주 / 창비 / 12,000원

『우정이 맘대로 되나요?』 문지현, 박현경 / 글담 / 12,000원

『남친의 마음을 읽을 수 있다고?』 박지영 / 이우일 그림 / 비룡소 / 12,000원

『우리는 작은 가게에서 어른이 되는 중입니다』 박진숙 / 사계절 / 13,000원

『우정은 세상을 돌며 춤춘다』 수유너머R / 너머학교 / 15,000원

■ 읽으면 좋을 위인전 5

『올바르게 풀어쓴 백범일지』 김구 / 배경식 / 너머북스 / 16,800원

『사흘만 볼 수 있다면』 헬렌켈러 / 이창식 / 두레아이들 / 12,000원

『이소룡 자신감으로 뚫어라』 이소룡 / 존 리틀 편 / 김영수 역 / 인간희극 / 9,800원

『율곡의 경연일기 난세에 읽는 정치학』 오항년 / 너머북스 / 29,000원

『사랑하는 아들과 딸을 위한 뉴 위인전기』 전60종 / 아들과딸 / 330,000원

■ 상상하며 읽기 좋은 책 5

『내 멋대로 혁명』 서화교 / 낮은 산 / 11,000원

『나무 위 고아 소녀』 수지 모건스턴 / 김영미 역 / 논장 / 9,500원

『나무를 심은 사람』 장 지오노 / 최수연 그림 / 김경온 역 / 두레 / 10,000원

『괴테, 악마와 내기를 하다』 김경후 / 탐 / 10,000원

『오늘, 작은 발견』 공혜진 / 인디고 / 13,500원

■ 내 마음과 대화하기 좋은 책 8

『온전히 나답게』 한수희 / 글담 / 13,500원

『우산을 쓰지 않는 시란 씨』, 다니카와 슌타로 / 이세 히데코 그림 / 김황 역
/ 천개의바람 / 12,000원

『울기엔 좀 애매한』, 최규석 / 사계절 / 15,000원

『유쾌한 기억의 심리학』, 박지영 / 너머북스 / 12,000원

『유토피아 다른 삶을 꿈꾸게 하는 힘』, 토머스 모어 원저 / 수경 글 / 이장미 그림 / 너머
학교 / 15,000원

『이야기한다는 것』, 이명석 / 너머학교 / 11,000원

『인생의 품격』, 장샤오헝, 한쿤 / 김락준 역 / 글담 / 14,800원

『나의 사랑스러운 장례식』, 제이슨 레이놀즈 / 변예진 역 / 뜨인돌 / 12,000원

■ 10대의 마음이 행복해지는 이야기 10

『가방에 담아요, 마음』, 김혜진 / 바람의아이들 / 9,500원

『감정의 법칙』, 피에르 가니에르, 카트린 플로이크 / 이종록 역 / 한길사 / 22,000원

『10대 너의 행복에 주인이 되어라』, 양희규 / 글담 / 12,800원

『10대 마음 보고서』, 따돌림사회연구모임 교실심리팀 / 마리북스 / 15,000원

『10대, 나의 발견』, 윤주옥 외 / 글담 / 13,000원

『10대, 지금의 고민이 널 성장시켜 줄 거야』, 김경민 / 글담 / 13,800원

『10대와 통하는 심리학 이야기』, 노을이 / 강병호 그림 / 철수와영희 / 13,000원

『고민 레터』, 김경덕, 주현철 / 소원나무 / 13,800원

『고운 마음 꽃이 되고 고운 말은 빛이 되고』, 이해인 / 샘터 / 10,000원

『가자에 띄운 편지』, 발레리 제나티 / 이선주 역 / 바람의아이들 / 9,500원

■ 질문하며 읽기 좋은 책 10

『언제나 질문하는 사람이 되기를』, 수유너머R / 김진화 그림 / 너머학교 / 15,000원

『교양으로 읽는 우리 몸 사전』, 최현석 / 서해문집 / 28,000원

『교실 밖, 펄떡이는 환경 이야기』, 타테야마 유지 외 / 이정아 역 / 스마트주니어 / 12,000원

『국어시간에 영화 읽기』, 김병섭, 김지운 / 휴머니스트 / 14,000원

『국어시간에 케이팝 읽기』, 공규택 / 휴머니스트 / 15,000원

『굿바이, 제이제이』, 앤 캐시디 / 공경희 역 / 도서출판 봄볕 / 12,000원

『그 소문 들었어?』, 하야시 기린, 쇼노 나오코 / 김소연 역 / 천개의 바람, 10,000원

『그들도 아이였다』, 김은우 / 비올라 그림 / 마음이음 / 13,500원

『그들을 생각하면 눈물이 난다: 항일 답사 프로젝트』, 김태빈 / 레드우드 / 16,800원

『그들이 떨어뜨린 것』, 이경혜 / 바람의 아이들 / 9,500원

■ 교훈을 일상에 전하기 좋은 책 10

『10대에게 권하는 역사』, 김한종 / 글담 / 13,800원

『10대에게 권하는 인문학』, 연세대학교 인문학연구원 / 글담 / 13,500원

『10대와 통하는 동물 권리 이야기』, 이유미 / 최소영 그림 / 철수와영희 / 13,000원

『1분 작은 습관』, 오키 사치코 / 윤은혜 역 / 인디고 / 12,000원

『80일간의 세계 일주』, 쥘 베른 / 레옹 베넷 그림 / 김주경 역 / 시공주니어 / 11,000원

『경복궁, 시대를 세우다 : 새 권력은 왜 새 수도를 요구하였나』, 장지연 / 너머북스 / 17,000원

『경연, 평화로운 나라로 가는 길』, 오항녕 / 이지희 그림 / 너머학교 / 15,000원

『광장에 서다』 정명섭 외 / 김소연 외 그림 / 별숲 / 12,000원

『그 섬이 들려준 평화 이야기』 강변구 / 서해문집 / 13,900원

『빼앗긴 오월』 장우 / 사계절 / 9,500원

■ 생각 넓히기 좋은 책 10

『청소년을 위한 이야기 한국 문학사』 강혜원, 계득성 / 휴머니스트 / 1권 12,000원, 2권 14,000원

『21세기 청소년 인문학1』 고연주 외 / 단비 / 12,000원

『21세기 청소년 인문학2』 강응천 외 / 단비 / 12,000원

『가꾼다는 것』 박사 / 너머학교 / 12,000원

『가위소녀』 이정옥 / 우리같이 / 12,000원

『가짜 블로거』 아나 알론소, 하비에르 펠레그린 / 김정하 역 / 별숲 / 10,000원

『걸 라이징 : 세상을 바꾼 소녀들』 타냐 리 스톤 / 여채영 역 / 다림 / 13,800원

『기억한다는 것』 이현수 / 김진화 그림 / 너머학교 / 12,000원

『공부는 머리싸움이다』 신성일 / 글담 / 11,000원

『과잉 근심』 리쯔쉰 / 강은영 역 / 아날로그 / 12,500원

■ 자아 발견에 좋은 책 10

『나쁜 생각은 나빠?』 이시자카 케이 / 최진선 역 / 너머학교 / 12,000원

『나는 열세 살이다』 노경실 외 / 휴먼어린이 / 11,000원

『나는 왜 자꾸 짜증이 날까?』 얼 힙 / 김선희 역 / 뜨인돌 / 12,000원

『나는 왜 진짜 친구가 없을까?』 애니 폭스 / 최설희 역 / 뜨인돌 / 12,000원

『나는 인간입니다』 가와이 마사오 / 아베 히로시 그림 / 송태욱 역 / 너머학교 / 12,000원

『나를 마주하는 용기』 에밀리-앤 리걸, 진 디머스 / 유영훈 역 / 나무생각 / 12,800원

『나를 위해 공부하라』 수유너머R / 너머학교 / 15,000원

『나를 찾는 심리 탐구서』 박진영 / 이고은 그림 / 위즈덤하우스 / 11,000원

『나의 꿈, 나의 길』 안도현 외 / 다림 / 11,800원

『기생충이라고 오해하지 말고 차별하지 말고』 서민 / 샘터 / 10,000원

■ 청소년 인문고전 추천서 10

『우리 고전을 찾아서』 임형택 / 한길사 / 26,000원

『가자, 고전의 숲으로』 한길사편집실 편 / 한길사 / 17,000원

『새벽에 홀로 깨어』 최치원 / 김수영 편역 / 돌베개 / 8,500원

『유배지에서 보낸 편지』 정약용 / 박석무 역 / 창비 / 12,000원

『삼국사기』 전2종 / 김부식 / 이강래 역 / 한길사 / 각 25,000원

『자성록』 이황 / 최중석 역 / 국학자료원 / 23,000원

『논어』 공자 / 김형찬 역 / 홍익출판사 / 15,000원

『노자』 노자 / 최재목 역 / 을유문화사 / 18,000원

『장자』 장자 / 김학주옮김 / 연암서가 / 35,000원

『내 인생의 첫 고전-맹자』 장주식 / 손미정 그림 / 작은숲 / 15,000원

■ 독서의 기술을 배우기 좋은 책 10

『독서의 기술, 책을 꿰뚫어보고 부리고 통합하라』, 모티머 J.애들러 원저 / 허용우 저 /

너머학교 / 15,500원

『대한민국 청소년, 20대를 리드하라』, 박기태 외 / 스마트주니어 / 12,800원

『도쿄대 리더육성 수업』, 전2종 / 도쿄대학 EMP 저 / 요코야마 요시노리 편 / 정문주

역 / 라이팅하우스 / 각 13,800원

『생각연습』, 리자 하글룬트 / 서순승 역 / 너머학교 / 14,500원

『생각한다는 것』, 고병권 / 정문주, 정지혜 그림 / 너머학교 / 10,000원

『말한다는 것』, 연규동 / 이지희 그림 / 너머학교 / 11,000원

『무엇이 우리를 인간이게 하는가』, 천주희 외 / 낮은산 / 12,000원

『미래 인문학 트렌드』, 김시천 외 / 아날로그 / 15,000원

『책숲에서 길을 찾다』, 류대성 / 휴머니스트 / 13,000원

『돌아보지 말고 뛰어!』, 리아 배서프 / 로라 데루카 / 도서출판 봄볕 / 13,000원

■ 잃어버린 나를 찾아가는 책 10

『내가 나 같지 않아서』, 염명훈 외 / 청어람e / 13,000원

『랙 걸린 사춘기』, 송방순 / 초록서재 / 11,000원

『내가 덕후라고?』, 김유철 외 / 단비 / 11,000원

『단순하게, 산다』, 샤를 바그네르 / 강주헌 역 / 더좋은책 / 13,800원

『달리기의 맛』, 누카가 미오 / 서은혜 역 / 창비 / 12,000원

『달처럼 동그란 내 얼굴』, 미레유 디스데로 / 유정민 역 / 담푸스 / 11,000원

『당신이 매일매일 좋아져요』, 호리카와 나미 / 최윤영 역 / 인디고 / 8,800원

『드림 셰프』, 이송현 / 마음이음 / 12,000원

『너는 네가 되어야 한다』, 수유너머R / 너머학교 / 15,000원

『논다는 것 오늘 놀아야 내일이 열린다!』, 이명석 / 너머학교 / 11,000원

『믿는다는 것』, 이찬수 / 노찬미 그림 / 너머학교 / 11,000원

■ 자연의 세계로 떠나는 이야기 10

『내가 사랑한 생물학 이야기』, 가네코 야스코 외 / 고경옥 역 / 청어람e / 12,000원

『뉴욕 쥐 이야기』, 토어 세이들러 / 권자심 역 / 논장 / 11,000원

『니체, 버스킹을 하다』, 강선형 / 탐 / 10,000원

『다윈, 밀림에 가다』, 김하나 / 탐 / 10,000원

『라인』, 이송현 / 사계절 / 12,000원

『마음이 보여?』, 가야마 리카 / 마스다 미리 그림 / 송태욱 역 / 너머학교 / 12,000원

『마틸다 효과』, 엘리 어빙 / 김현정 역 / 미래인 / 11,000원

『만남으로 로그인』, 조재도 / 작은숲 / 12,000원

『만물은 서로 돕는다』, 표트르 A. 크로포트킨 / 김훈 역 / 여름언덕 / 18,000원

『죽음은 돌아가는 것』, 다니카와 슌타로 / 가루베 메구미 그림 / 최진선 역 / 너머학교 / 12,000원

■ 감동적 서정의 세계로 떠나는 책 8

『별』, 알퐁스 도데 / 안나 센지비 그림 / 김윤진 역 / 비룡소 / 12,000원

『작은 아씨들』, 루이자 메이 올콧 / S. 반 아베 그림 / 공경희 역 / 은하수 / 11,000원

『빨간 머리 앤』, 루시 모드 몽고메리 / 시공주니어 / 11,000원

『사랑하니까 사람』, 오치아이 게이코 / 와타나베 겐이치 그림 / 송태욱 역 / 너머학교 / 12,000원

『어쩌면 들이 너의 슬픔을 가져갈지도 몰라』, 김용택 / 예담 / 12,800원

『어린 왕자』, 생텍쥐페리 / 황현산 역 / 열린책들 / 9,800원

『다시 봄봄 : 점순이와 나 그 후』, 전상국 외 / 단비 / 11,000원

■ 언제 읽어도 재미있는 이야기 모음 8

『지킬 박사와 하이드』, 로버트 루이스 스티븐슨 / 이현주 역 / 아로파 / 10,000원

『정글북』, 루드야드 키플링 / 손향숙 역 / 문학동네 / 10,000원

『키다리 아저씨』, 진 웹스터 / 한유주 역 / 허밍버드 / 13,500원

『톰 소여의 모험』, 마크 트웨인 / 도널드 매케이 그림 / 지혜연 역 / 시공주니어 / 10,000원

『플랜더스의 개』, 위더 / 하이럼 빈즈 그림 / 노은정 역 / 비룡소 / 9,000원

『피터 팬』, 제임스 매튜 배리 / 이정주 역 / 아르볼 / 12,000원

『하이디』, 요한나 슈피리 / 김민지 그림 / 정지현 역 / 인디고 / 13,800원

『어둠 속 어딘가』, 월터 딘 마이어스 / 이승숙 역 / 고래가숨쉬는도서관 / 10,000원

■ 미래지향적 독서를 위한 책 7

『커피, 코카 & 코카콜라』, 리카르도 코르테스 / 박성식 역 / 다빈치 / 12,800원

『클라우스 슈밥의 제4차산업혁명』, 클라우스 슈밥 / 송경진 역 / 새로운현재 / 15,000원

『인공지능으로 알아보는미래 유망 직업』, 김일옥 / 뭉치 / 12,000원

『장자, 아파트 경비원이 되다』, 김경윤 / 사계절 / 10,500원

『하늘을 날고 싶다면 파일럿』, 최재승 / 토크쇼 / 15,000원

『해방일기』, 김기협 / 너머북스 / 21,000원

『힘내요! 당신』, 호리카와 나미 / 박승희 역 / 인디고 / 8,800원

■ 부모가 읽으면 좋을 책 12

『부모는 무엇을 가르쳐야 하는가』, 송재환 / 김시천 감수 / 정가애 그림 / 글담 / 13,800원

『하루 10분, 엄마의 행복한 시간』, 안도 후사코 / 박승희 역 / 글담 / 12,800원

『사람답게 산다는 것』, 오창익 / 홍선주 그림 / 너머학교 / 11,000원

『삐뚤빼뚤 가도 좋아』, 이남석 / 사계절 / 9,800원

『아이의 회복탄력성』, 디지에 플뢰 / 박주영 역 / 글담 / 12,800원

『사랑밖에 없다 : 고석의 사회복지 이야기』, 고석 / 평사리 / 15,000원

『살아 있는 심리학 이야기』, 류쉬에 / 문지현 감수 / 허진아 역 / 글담 / 12,800원

『사랑, 고전으로 생각하다』, 수유너머N / 김지은 그림 / 너머학교 / 15,000원

『살아 있는 철학 이야기』, 왕땅 / 곽선미 역 / 강성률 감수 / 글담 / 12,800원

『조선의 여성, 역사가 다시 말하다』, 정해은 / 너머북스 / 15,500원

『아이라서 어른이라서』, 노가미 아키라, 히코 다나카 / 요시타케 신스케 그림 / 송태욱
역 / 너머학교 / 12,000원

『본다는 것 : 그저 보는 것이 아니라 함께 잘 보는 법』, 김남시 / 강전희 그림 / 너머학교
/ 11,000원

※ [2018 전국학교도서관 사서협회 추천도서 목록]을 참조